BIM 多软件
实用疑难 200 问

何关培　丛书主编

何　波　主　编

王轶群
杨　帆　副主编

中国建筑工业出版社

图书在版编目（CIP）数据

BIM多软件实用疑难200问／何波主编．—北京：中国建筑
工业出版社，2016.11
（BIM技术实战技巧丛书）
ISBN 978-7-112-19742-2

Ⅰ．①B…　Ⅱ．①何…　Ⅲ．①建筑设计—计算机辅助设
计—应用软件—问题解答　Ⅳ．①TU201.4-44

中国版本图书馆CIP数据核字（2016）第208288号

本书按照一问一答的形式，精细汇总整理了10个常用BIM软件的典型应用疑难问题和解答，全书按照软件在项目建设
中应用的先后顺序进行编排，分别详述了InfraWorks、Civil 3D、Revit、鸿业BIMSpace、Tekla Structure、Showcase、
Fuzor、Lumion、斯维尔Revit算量、广联达BIM5D软件在应用中的常见问题。由于这些问题的答案难以直接从软件的帮助
文件和操作手册中找到，本书作者从实际项目案例的应用中精心归纳总结，提供了具体的、可操作的解决办法，问题针对性强，
回答讲解透彻，条理清晰，叙述简洁明了，具有很强的指导性。

本书可作为工程建设BIM从业人员使用和学习的参考书，也可作为大中专学校和科研机构相关专业人士的学习资料。

责任编辑：王砾瑶　范业庶
书籍设计：京点制版
责任校对：王宇枢　刘　钰

BIM技术实战技巧丛书

BIM多软件实用疑难200问

何关培　丛书主编

何　波　主编

王轶群　杨　帆　副主编

*

中国建筑工业出版社出版、发行（北京西郊百万庄）
各地新华书店、建筑书店经销
北京京点图文设计有限公司制版
北京缤索印刷有限公司印刷

*

开本：787×1092毫米　1/16　印张：25¼　字数：566千字
2016年9月第一版　2016年9月第一次印刷
定价：**148.00**元
ISBN 978-7-112-19742-2
（29289）

本书编委会

主　　编：何　波

副 主 编：王轶群　杨　帆

编　　委：平经纬　张立杰　刘振新

　　　　　郝大辉　伦荣鸿　张超俊

丛书主编：何关培

丛书前言

　　学习软件操作和在实际项目中应用软件解决工程问题的过程正好是相反的，前者主要教授软件的每一个功能应该如何一步一步操作，而后者是要根据实际项目需求找到能较好解决问题的软件功能是哪一个。

　　对于工程技术人员来说，学会使用某一两个软件的操作相对容易，而掌握使用这一两个软件支持实际项目应用就要难得多；类似地，学会个人应用容易，学会团队应用困难；学会小项目应用容易，学会大项目应用难；学会单项应用容易，学会综合或集成应用困难；学会常规项目应用容易，学会特殊项目应用困难。目前培训软件操作的资料已经有不少，但是基本上都是介绍这些软件某个版本所有功能的具体操作方法的，对于学会软件功能的操作方法作用明显，但对于寻找解决方案支持实际项目应用的作用则比较有限。

　　广州优比建筑咨询有限公司核心团队成员在过去 10 多年的 BIM 应用实践和推广普及的过程中，碰到了大量购买了软件、接受了软件操作培训但是无法在实际项目中真正应用起来的企业和个人，也在帮助这些企业和个人把 BIM 变成企业的有效生产力的过程中积累了一些行之有效的具体经验和方法，结合目前国内企业和个人的 BIM 应用现状和需求，选择了一批能在最短时间内帮助具有软件基本操作能力的人员尽快建立项目实际应用能力的关键内容，以提问和解答的形式提供经过我们实践被证明是有效的方法和具体操作步骤。计划以解决 BIM 实际工程应用问题为出发点，跟踪 BIM 应用发展，收集和整理来自于 BIM 应用过程中的典型问题，积累的内容到一定规模后集结出版与同行交流。

　　BIM 应用需要依靠具体的软件产品去实现，由于软件的版本几乎每年都在升级，因此一般的软件操作手册也都需要逐年跟随软件版本升级而更新。但实际上不管软件如何更新，在相当长的时间内，一个软件解决工程问题的核心价值、方法和能力是不会有本质变化的。因此丛书内容跟软件界面有关的截图虽然跟软件的具体版本有关，但是解决问题的基本方法和步骤具有相当长时间的稳定性，基本不会随着版本的变化而有大的变化。

　　BIM 应用涉及不同项目类型、参与方、项目阶段、专业或岗位，需要用到的软件种类和数量众多，任何一个个人或团队能解决的问题都只能是一小部分，因此衷心希望有更多的行家里手加入到《BIM 技术实战技巧丛书》的编写行列里面来，为 BIM 技术的普及应用添砖加瓦。

何关培

2015 年 3 月

本书是面向有经验 BIM 应用人员"BIM 技术实战技巧丛书"的第二册，旨在解决实际项目 BIM 应用过程中大部分情形下必须要有多个软件配合或集成应用的问题。

通过分析完成一个工程项目需要用到的软件，大家就可以知道，以符号文字体系为基础的 CAD 基本上只要一个软件就能解决工程制图的问题，但是以工程对象为基础的 BIM 在大多数情况下无法仅仅依靠任何一个单一软件来解决模型创建和模型应用的所有问题，一方面不管是什么工程类型和专业其基本图形元素都是相同的，而各种工程类型和专业需要用到的工程对象却是种类繁多且在不断创新或更新的；另一方面，CAD 形成的工程图纸基本属于信息技术的最终产品，其作用是供从业人员使用，但 BIM 形成的信息模型却只是各种应用的开始。

与绝大多数实际工程 BIM 应用必须用到多个软件这个需求相对应的供给则基本上是另外一种现状，首先各个软件操作手册只负责自己一个软件的使用问题，其次大部分 BIM 培训课程也只培训一两个常用软件的操作，事实上即使市场上有连续培训多个软件操作的课程也很少有从业人员能抽出这么长的时间去参加学习，当然学完以后又能把所有软件通过实际项目达到熟练应用程度的人就基本上可以说是凤毛麟角了，因为不同的软件本来就属于不同专业或岗位从业人员的工具，不是靠一两个专门用软件的人去操作的。大家知道，各个专业或岗位从业人员掌握相应的 BIM 软件完成各自的工作任务是 BIM 推广普及要实现的目标，只是这个目标的达成需要经过一个较长的时间段。

目前工程建设行业各类企业面临的较为普遍的起步阶段 BIM 应用现状是，有一个规模不大的 BIM 应用团队，基本掌握一两种常用 BIM 软件的操作，但是碰到的工程项目除了这一两个常用软件外通常还必须要用到其他相关软件，本书的目的就是帮助这些团队尽量用最快的速度和最低的代价解决这个实际问题。

在"BIM 技术实战技巧丛书"第一册《Revit 与 Navisworks 实用疑难 200 问》基础上，本书除了进一步补充若干 Revit 软件的实用技巧外，根据实际项目应用需要，增加了下列软件的工程实用疑难问题解答：

（1）InfraWorks：用于项目前期大范围小区、场地、道路方案和规划，以及与场地关系密切的可视化需求。

（2）Civil 3D：项目涉及场地和土方，Civil 3D 就是一个比较合适的选择。

（3）Revit：目前市场主流 BIM 软件之一。

（4）鸿业 BIMSpace：Revit 二次开发工具，是提升 Revit 使用效率的有效手段，鸿业 BIMSpace 在众多 Revit 二次开发工具中功能比较丰富、使用人群也比较多。

（5）Tekla Structure：目前非住宅项目局部使用钢结构的比例已经相当高了，未必整个项目是钢结构才用得上 Tekla，因此 Tekla 在 BIM 应用中的使用频率也在不断攀升。

（6）Showcase：是可与 BIM 模型紧密配合的"傻瓜"式快速渲染工具，渲染效果比 Revit 自带的渲染器要好，且设置简单，对非专业效果图制作人员而言是不错的选择。

（7）Fuzor：与 Revit 结合比较紧密，并支持模型的双向互动。实时漫游渲染效果比 Navisworks 要好，真实感较强。支持一些流行的 VR 设备，交互体验效果也较好。但对运行的电脑硬件性能要求较高，特别是使用 VR 设备时，对显卡的要求较高。

（8）Lumion：实时漫游渲染效果与 Navisworks、Fuzor 相比要好不少，但交互体验没有 Fuzor 好，不支持与 Revit 模型的双向互动。

（9）斯维尔 Revit 算量：直接利用 Revit 模型进行算量和计价是 BIM 应用的普遍需求，这方面的软件目前普遍成熟度还不是很高，斯维尔 Revit 算量软件是满足这个市场需求的其中一个选择。

（10）广联达 BIM5D：基于 BIM 模型的建造资源动态控制是实现精细化管理的有效途径，广联达 BIM5D 在这方面做了有益探索。

我们相信如果一个 BIM 应用团队能够解决上述这些比较常用的软件在实际工程项目中的应用问题，那么大多数房屋建筑项目也就应该能比较应付自如了。

本书涉及的软件多达 10 个，为了阅读方便，我们尽量按照项目建设的先后顺序进行编排，比如 InfraWorks 主要用于项目前期的规划，而 Civil 3D 则侧重于施工图设计或施工前期的数字地形、地形分析、场地设计等应用，然后是 BIM 建模软件 Revit 以及提高建模效率的"鸿业 BIMSpace"（Revit 插件），尽管在"BIM 技术实战技巧丛书"的第一册《Revit 与 Navisworks 实用疑难 200 问》已经解决了许多 Revit 的实用疑难问题，但随着应用的加深，我们发现还有许多问题的解决方法可以继续与读者分享，所以在本书我们特意增加新的 Revit 应用问题，在设计深化阶段使用的钢结构及钢筋混凝土结构深化设计软件 Tekla，当 BIM 模型完成后，可以利用 Showcase、Fuzor 和 Lumion 等软件进行模型的可视化展示以及真实感体验，最后是利用 BIM 模型进行算量和 5D 应用所使用到的"斯维尔三维算量 For Revit"和"广联达 BIM5D"。

本书的问题和解决方法都是作者们经过多年在众多实际项目的实践中遇到过的、经过归纳总结而成的经验和技巧，这些经验和技巧也许不是唯一的或最好的，但确实是本书的作者们在实际项目中遇到并解决问题的其中一种方法或途径，我们衷心希望本书汇集的问题和解答能够帮助 BIM 从业人员进一步提升 BIM 应用水平。

除本书编委外，廖卓新、吴建、杨烈琼也参与了本书的部分编写工作，感谢他们把自己在实际项目中研究和总结出来的宝贵经验分享给各位读者。

特别感谢广州优比建筑咨询有限公司副总经理张家立先生、教育培训总监程莉霞女士，书中很大一部分问题来自于他们对中建、中铁、中冶、中交下属企业等 BIM 应用培训班学员问题的收集和整理，使本书的内容更具广泛性和代表性。

本书使用 Autodesk 公司的 InfraWorks 360、Civil 3D 2016、Revit 2016、Showcase 2016；Trimble 公司的 Tekla Compus；Kalloc Studios 的 Fuzor 2016；Act-3D 公司的 Lumion 6.0；鸿业 BIMSpace；斯维尔公司的三维算量 For Revit；广联达公司的 BIM5D 进行编写，书中的软件界面和对话框等都以此为基础，随着软件的升级和版本的更新，今后新版本的软件界面和功能可能会有变化，但对解决问题的方法和思路不会有太大的影响。

何波

2016 年 7 月

目　录

第四章　鸿业 BIMSpace（Revit 插件）...............186

第六章　Showcase 286

第九章　斯维尔三维算量 For Revit 332

第十章　Revit 转广联达 BIM 算量和 5D............. 348

第一章　InfraWorks

1. 如何获得地形数据？

目前国内的地形数据可以从中科院地理空间数据云中提取相关区域的数据，网址为 http://www.gscloud.cn，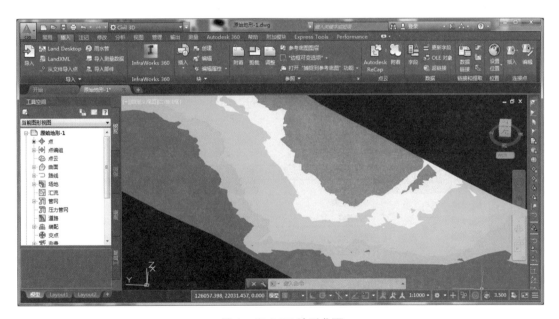。或者从美国 CGIAR CSI 获取地形高度数据，网址为 http://www.cgiar-csi.org，此地形数据只能做项目展示或者城市整体规划，不能用于精确的高程数据。

此外，可以将实际测绘的数据，结合 Civil 3D 导入到 InfraWorks。

2. 如何结合 Civil 3D 把地形导入到 InfraWorks？

（1）在 Civil 3D 生成地形曲面，如图 1 所示。

图 1　Civil 3D 地形曲面

（2）导出 XML 文件或者 IMX 文件。此时可以导出的格式有 XML 文件、IMX 文件或者 DWG 文件，推荐使用 IMX 文件，此格式可以被 InfraWorks 直接使用，支持比较好，可以分开选择里面的要素，包括其中的曲面、放坡组以及道路等其他要素，如图 2

所示。

图 2　导出 IMX 命令

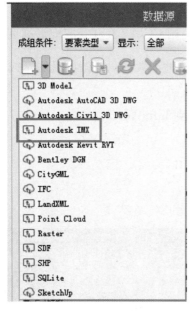

图 3　导入 IMX 命令

（3）打开 InfraWorks，选择数据源，导入 IMX 文件。如图 3 所示。

（4）选定坐标系。当导入 IMX 文件后，确定坐标系，选择对应的坐标系，然后点击关闭并刷新。刷新之后就能看到当前的场景。

3. 如何设置坐标系？

InfraWorks 有非常严格的坐标系要求，如果你的地形或模型不在一个有效的坐标系内，在 InfraWorks 中通常就不能正确显示地形或其他模型，还可能出现其他各种不可预测的问题。

查询坐标系方法如下：

（1）在 Civil 3D 里，切换工作空间到"规划和分析"（图 4）。

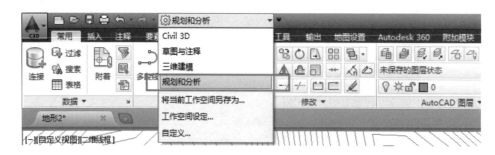

图 4　"规划和分析"工作空间

（2）打开"地图设置"选项卡，选择"指定"，打开"坐标系"选项板（图 5）。

（3）以 Beijing1954/a.GK/CM-75E 坐标系为例，在搜索栏输入"beijing"，选择坐标系，点击"查看"，如图 6 所示。

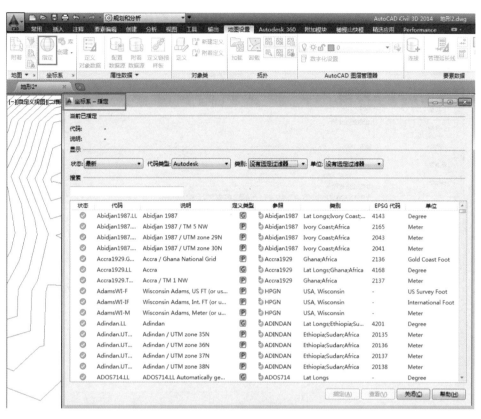

图 5　坐标系

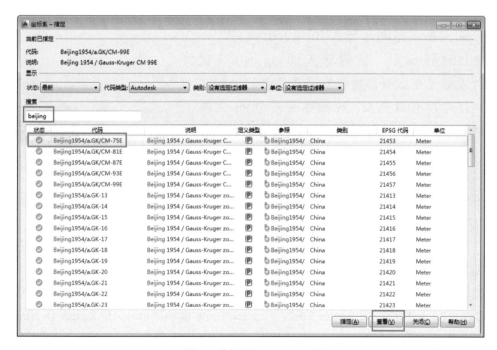

图 6　选择"Beijing1954"

（4）点击"参数"，"有效范围：笛卡尔"，然后就看到该坐标系的有效范围（图 7）。

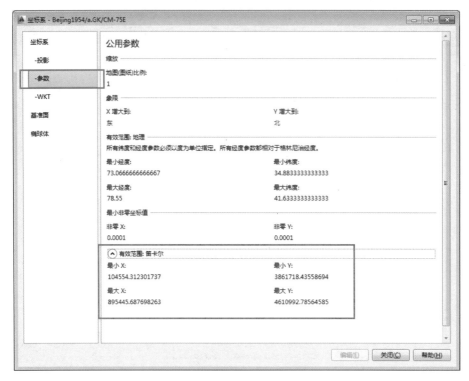

图 7 查看坐标系的有效范围

4. 如何将卫星图片导入 InfraWorks 中？

在 InfraWorks 中，任何导入的 jpg、gif 等航拍图片或者光栅图像都需要有同文件名的坐标文件，这样才能有效导入。比如你有一个 jpg 文件"shenzhen02_拼接 .jpg"，那么在同文件夹内必须有一个" shenzhen02_拼接 .jgw"的坐标文件，如果是 tif 格式的，同文件夹下要有 jgw 或者 tfw 的坐标文件，如图 8 所示。

shenzhen02_拼
接[默认].jgw   shenzhen02_拼
接[默认].jpg

图 8 坐标文件和光栅图像

以下是把航拍图像导入 InfraWorks 的步骤：

（1）获取 jgw、tfw 的坐标文件，如果采用 GIS 工具从 google 上获取图片，记得勾选生成 jgw 文件的选项，见图 9。

（2）如果你只有 jpg 或者 tif，或者其他类型的图片想贴到 InfraWorks 中，可以在 Civil 3D 里插入图片，用 Raster Tools（Raster Tools 也叫 AutoCAD Raster Design，是 Autodesk 公司开发的基于 AutoCAD 上进行光栅图像处理的工具）把图片对照地形进行拉伸、缩放、旋转、扭曲或者对齐后，再生成 jgw 的坐标文件。生成 jgw 或者 tfw 文件的命令见图 10（地球形状的图标）。

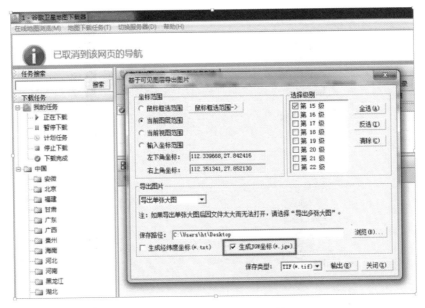

图 9　从 google 上获取图片

图 10　生成 jgw 或者 tfw 文件的命令

5. 在 InfraWorks 中如何进行图层管理？

方法一：在模型管理器中，可以通过模型管理器面板进行控制。

（1）单击"　　　模型管理器"命令，打开模型管理器面板（图 11）。

（2）选择灯泡，隐藏或者显示图层。如果灯泡为黄色，则表示将显示数据源；如果灯泡白色灰显，则为隐藏了数据源。

方法二：通过地表图层来控制

（1）单击"　　　曲面图层"命令；

（2）弹出对话框以后，点击灯泡，将显示或者隐藏相关地表图层如图 12 所示。

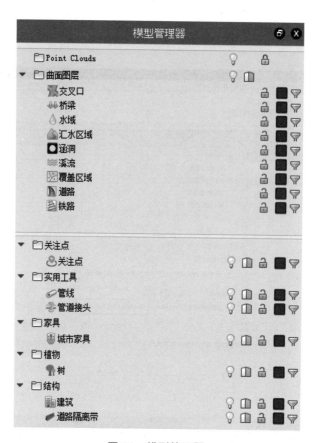

图 11 模型管理器

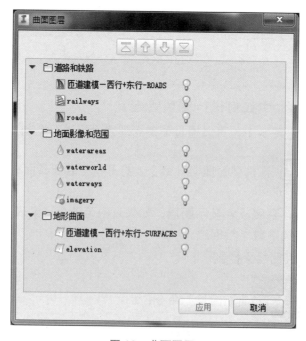

图 12 曲面图层

6. 如何新建模型项目？

（1）单击"新建"，启动"新模型"的对话框如图 13 所示。

（2）设置"新模型"对话框，可以设置文件保存地址、文件名称、对项目进行说明备注，以及定义模型范围如图 14 所示。如果需要可以在高级设置中进行更多的参数设置，此时的坐标系设置尤其重要。

图 13　新建命令

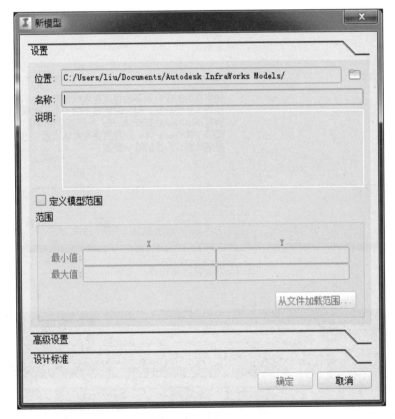

图 14　新模型对话框

（3）坐标系的选择，选择 UCS 坐标系或数据库的坐标系如图 15 所示。

1）UCS 坐标系确定在状态栏中显示的坐标。它不影响模型数据的存储或显示方式。

2）数据库坐标系会影响存储在 .sqlite 文件中的模型数据。在其他应用程序（如 AutoCAD Map 3D）中打开 .sqlite 文件时，这可能会影响数据的显示方式。单击 并从类别和代码的扩展列表中选择坐标系，或从下拉列表中选择一个最近使用的坐标系，如图 16 所示。

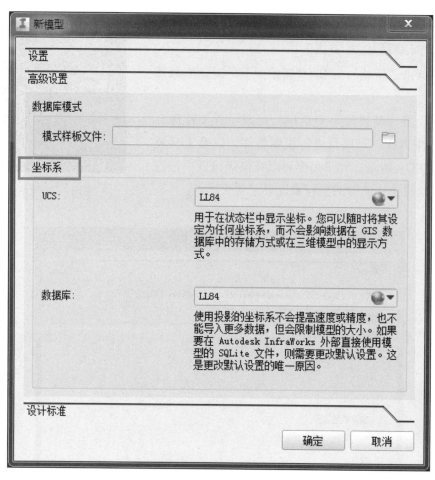

图 15　新模型对话框

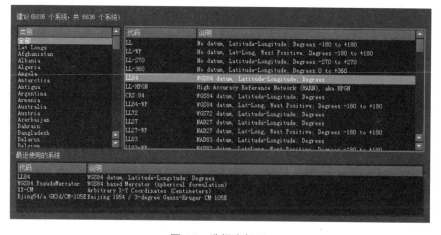

图 16　选择坐标系

（4）点"确定"完成新建模型如图 17 所示。

图 17　新建模型界面

7. 如何将 Revit 模型导入到 InfraWorks 中？

Revit 的 RVT 项目文件不能直接导入 InfraWorks，需要通过 FBX 格式文件导入的 InfraWorks 中，方法如下：

（1）首先在 Revit 的三维视图中，把模型导出为 FBX 格式文件（图 18）；在保存 FBX 文件前勾选 LOD 选项（图 19）。

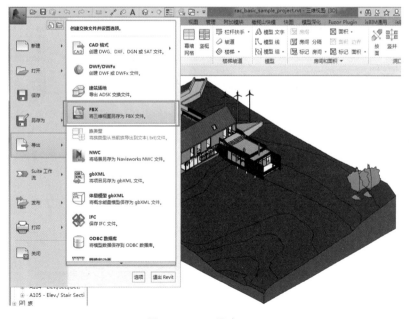

图 18　Revit 导出 FBX

图 19　使用 LOD 选项

（2）在 InfraWorks 360 中使用"数据源"如图 20 所示，使用基于文件导入，使用 3D Model 来导入 FBX 格式文件如图 21 所示。

图 20　数据源

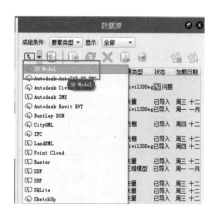

图 21　选择 3D Model

（3）选择 Revit 导出的 FBX 文件后点击"打开"如图 22 所示。

图 22　文件选择框

（4）模型还没有加入到 InfraWorks 中，双击数据源中导入的 FBX 文件如图 23 所示，需要对导入进来的模型进行配置如图 24 所示。

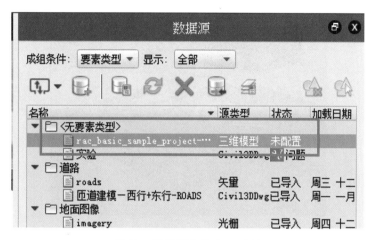

图 23　数据源中的 FBX 文件

图 24　数据源配置

（5）可以用手动交互的方式来确定模型在 InfraWorks 场景中的位置，双击确定如图 25 所示。

图 25　模型放在场景中

（6）如果位置有偏差可以通过坐标系统来调整，如图 26 所示。

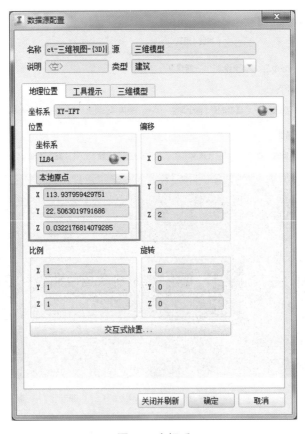

图 26　坐标系

8. 如何在 InfraWorks 中创建建筑物？

为了能更真实地表现场景，通常需要增加一些建筑物，InfraWorks 提供了增加"建筑"的功能，可以在场景中增加一些只有外表皮的建筑物，以提高场景的逼真度。

（1）在平面面板中，点击"编辑、管理和分析基础设施模型"命令（图 27）。

图 27　基础设施模型

（2）在"编辑、管理和分析基础设施模型"命令下，点击 命令如图 28 所示。

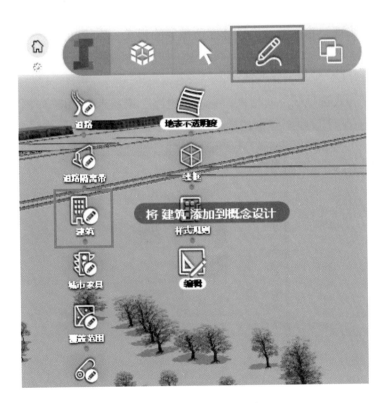

图 28　建筑概念设计命令

（3）在"选择样式"对话框中，选择指定的建筑物样式。

（4）在地块平面上创建建筑的平面轮廓，双击完成（图 29）。

（5）单击创建的"建筑模型"，可以编辑"建筑模型"高度及形状（图 30）。

图 29　完成后的建筑模型　　　　　图 30　编辑后的建筑模型

9. 如何创建道路模型样式？

通过样式选择，能为项目提供各种已经编辑好的样式。一方面软件提供了多种样式供选择，另外一方面，也能够让你设计你所需要的样式。方法如下：

（1）单击"样式选项板" 。

（2）弹出"样式选项板"对话框，点击"道路"选项卡，如图 31 所示。

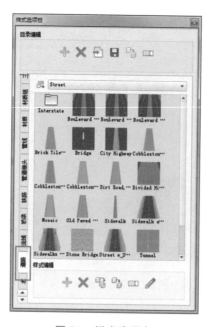

图 31　样式选项卡

（3）在"道路"样式选项卡中，双击选中的道路，弹出"配置 street/street w_sidewalk"对话框，如图 32 所示。

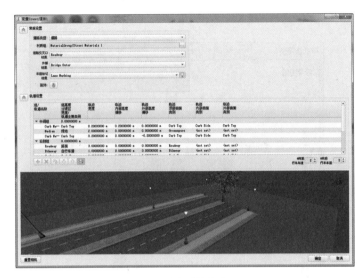

图 32　模型样式窗口

（4）在这对话框中（图 33），你可以设置道路类型、材质组、道路交叉口、车道标记材质、轨道设置。

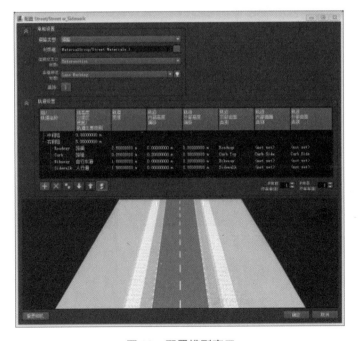

图 33　配置模型窗口

（5）在轨道设置中，通过更改车道的轨道参数，如轨道宽度、路面、人行道、车行道，也可以添加绿化带。

（6）点击"确定"，创建的道路样式就完成了，如图 34 所示。

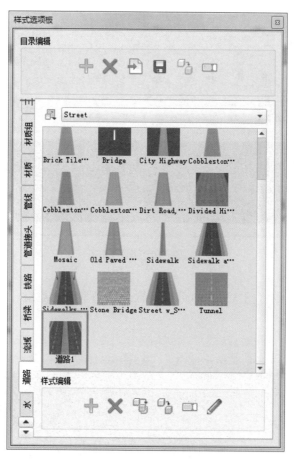

图 34　新增的道路样式

10. 道路创建完成后如何更换样式？

通过更换道路样式，可以快速对错误的道路样式进行更换。方法如下：

（1）原道路模型样式，如图 35 所示。

（2）单击"样式选项板" 。

（3）弹出"样式选项板"对话框，点击"道路"选项卡，如图 36 所示。

图 35　原道路模型

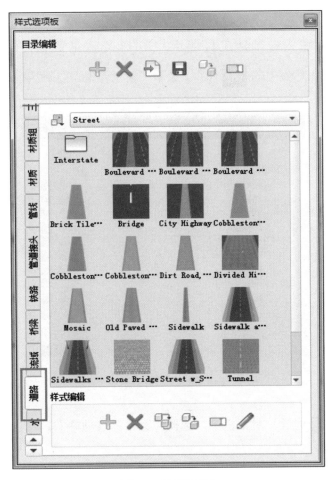

图 36　样式选项卡

（4）选择要替换的道路样式拖到被替换的道路模型上即可，如图 37 所示。

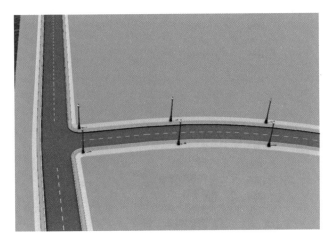

图 37　更换后的道路模型

11. 如何为道路要素创建工具提示？

（1）点击实用程序栏中的  命令，显示"模型管理器"对话框，如图 38 所示。

图 38　模型管理器

（2）在"模型管理器"对话框中，选择"道路"选项并右键单击"全部选择"，如图 39 所示。

图 39　全部选择命令

（3）右键单击"道路"选项，并单击"设置默认工具提示"如图40所示，以打开"编辑工具提示"对话框图41。

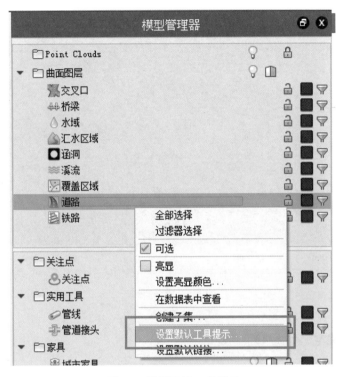

图40　设置默认工具提示

（4）在"编辑工具提示"对话框中，输入工具提示内容，如图41所示。

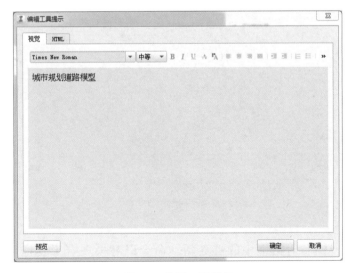

图41　编辑工具提示

（5）单击"预览"命令可查看工具提示的外观，单击"返回到编辑器"命令返回上一级对话框如图 42 所示。

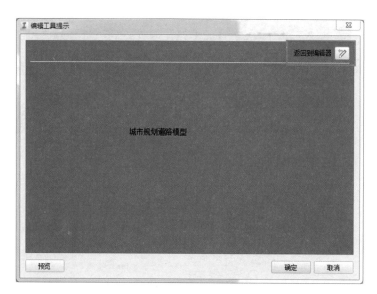

图 42　预览面板

（6）单击"确定"如图 43 所示。

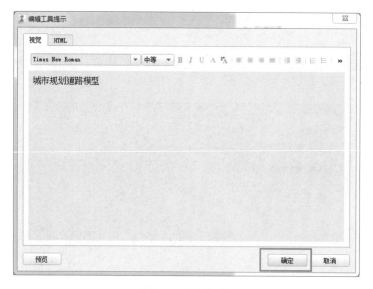

图 43　确定命令

（7）单击"特性"对话框中的"更新"命令以替换现有工具提示内容，如图 44 所示。

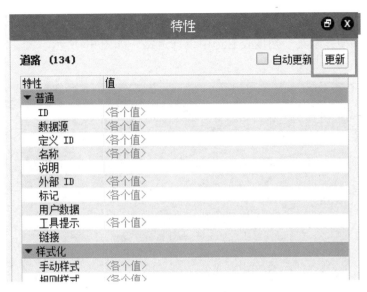

图 44　特性对话框

（8）单击"道路"模型即可显示提示内容，如图 45 所示。

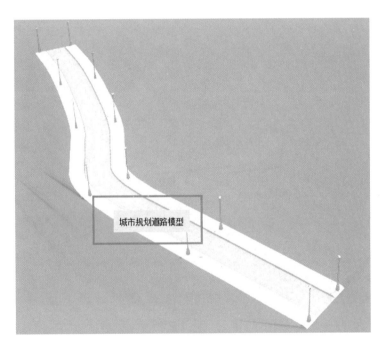

图 45　道路提示内容

12. 如何编辑设计道路垂直操纵器？

在平面图中，用于编辑水平几何图形的设计道路操纵器可用。以某个角度倾斜模型和查看选定线时，用于编辑垂直几何图形的操纵器可用。

（1）倾斜模型并以某个角度查看选中设计道路，如图 46 所示。

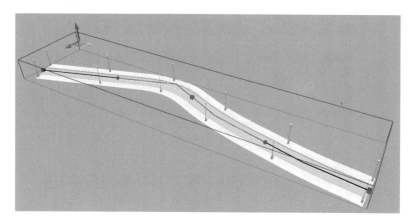

图 46　选择设计道路

（2）点击道路各点的端点用来调整道路的桩号和标高，如图 47 所示。

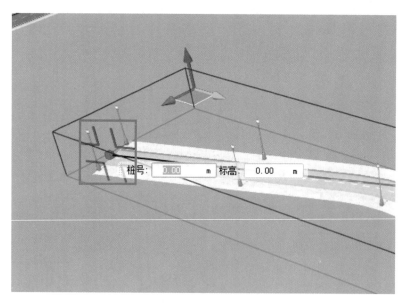

图 47　桩号和标高

（3）点击切点用来修改竖曲线的起点或终点，此时操纵器也会影响曲线的长度，如图 48 所示。

（4）道路曲线的高点 / 低点指示凸曲线的最高点，或凹曲线的最低点，如图 49 所示。

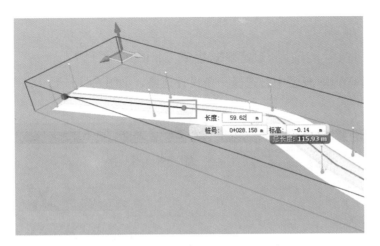

图 48　道路切点

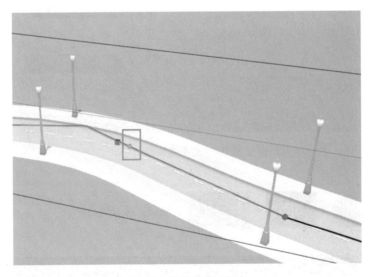

图 49　道路的高 / 低点

（5）"纵断面视图"中的变坡点 (PVI) 以任何方向移动变坡点。此变坡点操纵器可以同时修改桩号和标高。在纵断面视图中，可以按住 Ctrl 或 Shift 键来选择多个变坡点，然后同时移动多个变坡点，如图 50 所示。

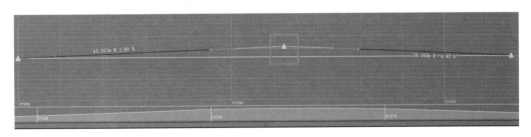

图 50　纵断面视图

13. 如何将设计的道路模型数据生成 Civil 3D 图形?

（1）在 InfraWorks 模型中，选择一条设计道路，如图 51 所示。

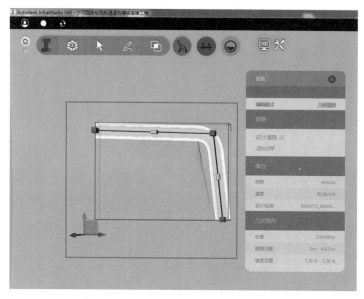

图 51　选中道路模型

（2）单击 ⬤ > ⚖ > CIVIL 3D 图形 ，如图 52 所示。

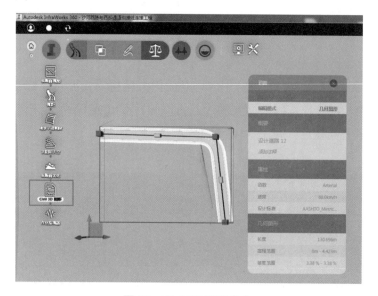

图 52　Civil 3D 图形命令

（3）对话框"创建 Civil 3D 图形"向导有 3 个页面，如图 53 所示。

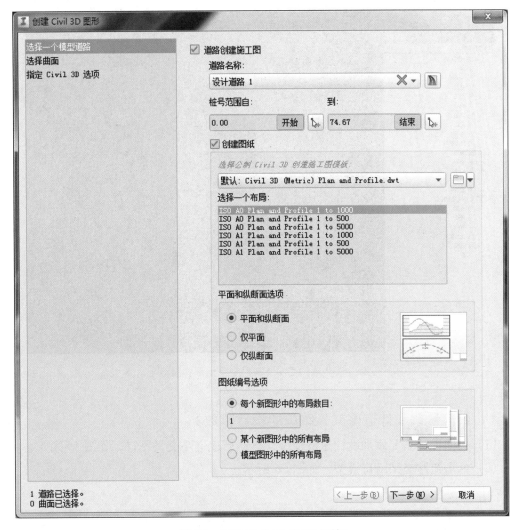

图 53　创建 Civil 3D 图纸对话框

1）选择一个模型道路；

2）选择曲面；

3）指定 Civil 3D 选项。

在每一页上选择所需的选项，然后单击"下一步"。在最后一页的"指定 Civil 3D 选项"中，单击"生成"可生成 DWG 格式的图形和 DST 格式的图纸集以用于 Civil 3D。

（4）生成 Civil 3D 模型（地形和路线），在 Civil 3D 打开如图 54 所示。

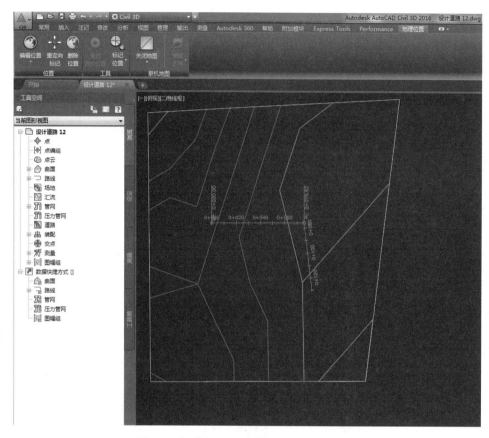

图 54　生成的 Civil 3D 模型（地形和路线）

14. 如何修改设计道路交叉路口的设计参数?

（1）根据设计需要添加设计道路模型，自动形成道路交叉路口，如图 55 所示。

（2）单击道路交叉路口模型，如图 56 所示。

图 55　交叉路口模型

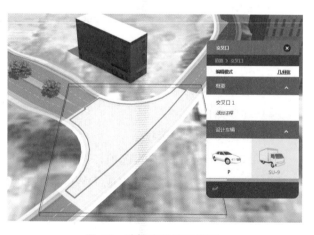

图 56　选择交叉路口模型

（3）在"交叉口"对话框的"设计车辆"区域中，选择要评估其交点的设计车辆类型，交叉口几何图形调整到设计车辆类，如图 57 所示。

图 57　交叉口对话框

（4）单击交叉口模型内的转向区域以显示"转向区域"对话框，并指定加铺转角选项，如图 58 所示。

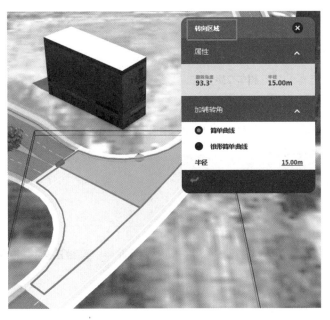

图 58　转角选项

15. 如何对设计道路进行分析视距？

（1）选择要进行分析视距的设计道路模型，如图 59 所示。

（2）单击 ⚖ > 🏃 "视距分析"命令，如图 60 所示。

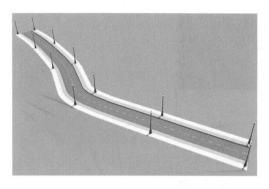

图 59　分析的道路模型

图 60　分析视距命令

（3）在"视距"对话框中，执行下列操作如图 61 所示。

图 61　分析视距对话框

（4）单击"分析"命令，分析结果如图 62 所示。

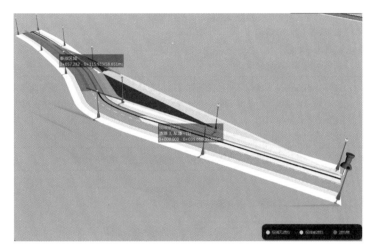

图 62　分析视距结果

（5）在"视距"面板下"视觉选项"中，可以查看详细信息如图 63 所示。

图 63　视觉选项

视觉选项说明如表 1 所示。

视觉选项说明 表 1

视觉效果	说明
视线区域	用不同颜色表示分析车道上的安全区域和视线受影响区域。 浅蓝色表示能见度良好的区域。 黄色表示所需目标点被遮挡的视线障碍区。 深色区域表示视线问题可能导致事故发生的潜在事故区
事故区域	用深色部分表示分析车道上视线问题可能导致事故发生的区域
视距包络图	用不同颜色表示道路边界之外所需的视距范围，并显示遮挡效果。 浅蓝色表示能见度良好的区域。 红色表示遮挡物。 深色区域表示视线受遮挡物影响

视觉效果	说明
视线区域	显示与手动放置的视距线接点相对的视线区域。 黄色表示视线障碍区。 红色表示遮挡物。 深色区域表示视线受遮挡物影响
视距线	显示从眼点到位于所需视距处的目标点的视距线。如果视线区域的任何遮挡物放置了视距线接点的眼点处的可见性产生负面影响，则也将显示第一个和最后一个被阻止的视距线。 黄色表示视线障碍区。 红色表示遮挡物
距离直线	以手动放置视距线接点的视线高度显示一条到达所需视距的直线

16. 如何更改阳光、天空、风和云效果？

（1）效果设置前如图 64 所示，单击 [图标] ▶ [图标] 以显示"太阳和天空"面板。

（2）移动滑块以更改设置如图 65 所示，设置您想要的一系列效果。

（3）设置效果完成后如图 66 所示。

图 64　太阳和天空设置前

图 66　太阳和天高设置后

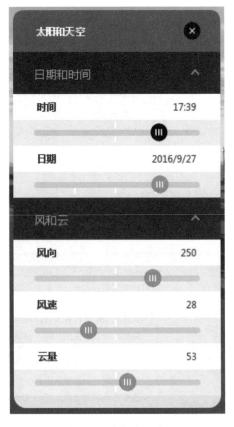

图 65　太阳和天空

17. 如何修改桥梁之间的间隙？

（1）点击桥梁模型以显示"桥梁"对话框如图 67 所示。

图 67　选择桥梁模型

（2）在"桥梁"对话框下找到"间隙"选项卡，勾选"显示间隙包络图"如图 68 所示。

（3）单击"高度"字段输入新的"高度"数值，如图 69 所示（要修改间隙的位置和倾斜角度，请单击"起点偏移"和/或"终点偏移"、"基准高程"或"倾斜"旁边的值；输入任何所需的值，然后按 Enter 键）。

图 68　间隙选项卡　　　　　　　　　　　图 69　间隙选项卡

（4）在桥梁模型上单击鼠标右键，然后选择"更新垂直轮廓"以执行新的间隙高度设置，如图 70 所示。

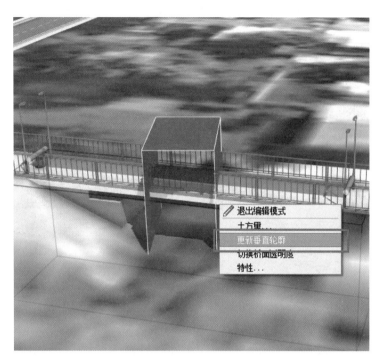

图 70　更新垂直轮廓对话框

（5）桥梁模型更新后如图 71 所示。

图 71　桥梁模型

18. 如何实现方案的对比？

以种植的树木方案为例：可以创建多个不同的方案，在多个方案之间进行切换对比如图 72 所示。

图 72　master 方案

（1）在实用工具栏中单击显示方案列表符号如图 73 所示。

（2）在显示方案列表底部，单击"创建新方案"命令（图 74）。

图 73　显示方案符号

图 74　创建新方案

（3）在"添加新方案"对话框中，为新方案输入名称如图 75 所示（注意名称不能用中文），然后单击"确定"。

图 75　添加新方案

（4）此时可以修改方案（Treeone）内的模型，例如删除或者增加树的数量及种类（图 76）。

图 76　Treeone 方案模型

（5）方案修改完成后，单击下拉列表中的某个方案以切换到该方案，如图 77 所示。

图 77　显示方案切换

19. 如何使用模型生成器创建模型？

模型生成器可以用来查找和获取高分辨率数据的图层，然后为查找和获取的"关注区域"（AOI）快速创建模型，模型生成器生成的模型在云中存储和发布。

（1）在 InfraWorks 主视图中，单击 ✚ 展开水平菜单，并选择"模型生成器"，如图 78 所示。

（2）在"模型生成器"对话框界面上，在查找框中输入要查找的区域名称，然后选择关注区域，如图 79 所示。

图 78　模型生成器命令

图 79　模型生成器对话框

注：模型生成器支持面积最大值为 200 平方千米或者纬度或经度方向长度最长 200 公里的模型。

（3）选择关注区域面积后，点击所需的基本数据，如图 80 所示。

（4）输入模型的名称如图 81 所示。

图 80　基本数据

图 81　输入模型名称

注：单击 ✍ 以输入模型描述。

（5）单击"创建模型"。

（6）当模型生成器完成模型加载时，InfraWorks 360 将发送一封电子邮件通知到与您的 Autodesk 360 账户关联的电子邮件地址。

20. 如何为你的模型创建渲染图像？

渲染仅适用于 64 位的应用程序，渲染的分辨率取决于"渲染模型"窗口的大小；为你的模型创建高品质的渲染步骤如下：

（1）打开要创建渲染的模型如图 82 所示。

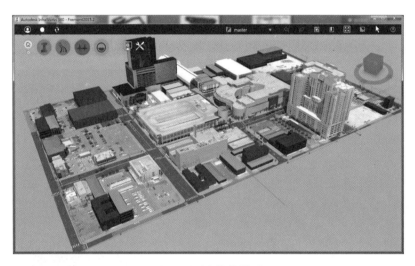

图 82　要渲染的模型

图 83　渲染模型对话框

（2）单击 ▣ ➤ 🫖 "渲染模型"打开对话框如图 83 所示。

（3）在"渲染模型"对话框中，指定相应的"曝光设置"参数如图 84 所示。

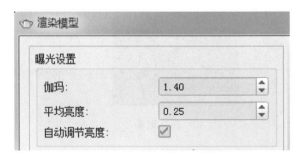

图 84　曝光设置

1）伽玛：建议值介于 1 ~ 3；

2）平均亮度：建议介于 0 ~ 1；

3）自动调节亮度：可自动调整亮度，而不是使用"平均亮度设置"。

（4）指定"太阳/天空设置"如图 85 所示。

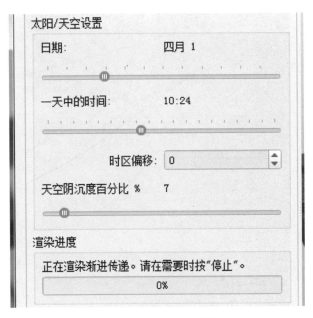

图 85　太阳和天空设置

（5）单击"开始"命令，渲染模型成果如图 86 所示。

图 86　模型成果图像

21. 如何优化设计道路最佳水平路径？

（1）单击  > ⚖ > 🏔 以显示"道路优化"面板如图 87 所示。

图 87　道路优化

（2）选择"设计速度"如图 88 所示。

（3）为作业的"结构样式"选择"道路样式"如图 89 所示。

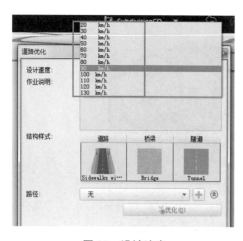

图 88　设计速度

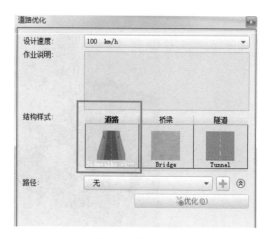

图 89　结构样式

（4）提供"作业说明"，及路径选择"无"（图90）。

（5）单击 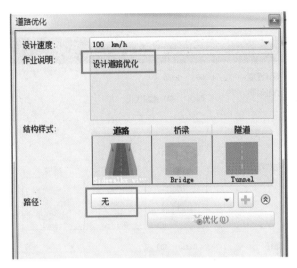 以添加新的开始起点和结束终点，如图90所示。

图90　道路优化

（6）在"高级设置"下，执行以下顺序操作，如图91所示。

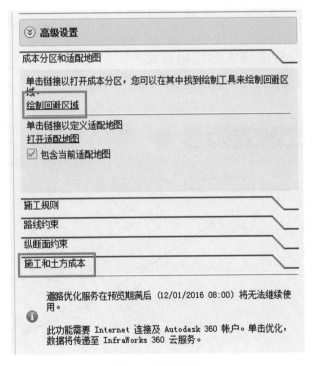

图91　高级设置

1）指定"回避区域"；

2）使用"施工和土方成本"。

（7）单击"优化"如图 92 所示，当优化作业完成后，您将收到通知电子邮件。

图 92　优化命令

22. 如何优化设计道路的垂直纵断面？

（1）选择要进行优化的设计道路模型，如图 93 所示。

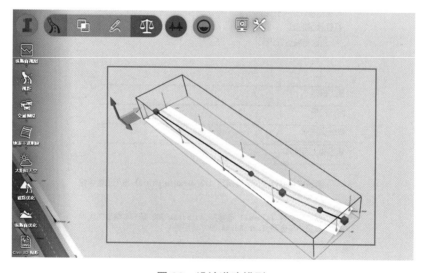

图 93　设计道路模型

（2）单击 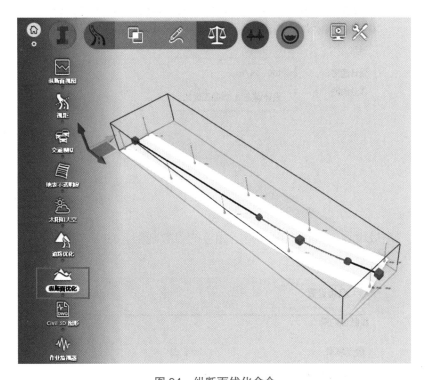 以显示"纵断面优化"面板，如图 94 所示。

图 94　纵断面优化命令

注：具有多个区域的道路不能提交纵断面优化。

（3）在"纵断面优化"面板中，"道路"单元会显示当前选定设计道路的名称，如图 95 所示。

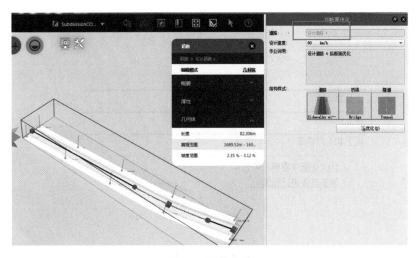

图 95　道路名称

（4）指定"设计速度"，输入"作业说明"，如图 96 所示。

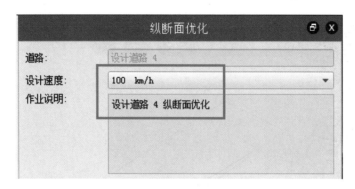

图 96 设计速度及说明

（5）在"高级设置"对话框中，指定相应的参数规则，如图 97 所示。

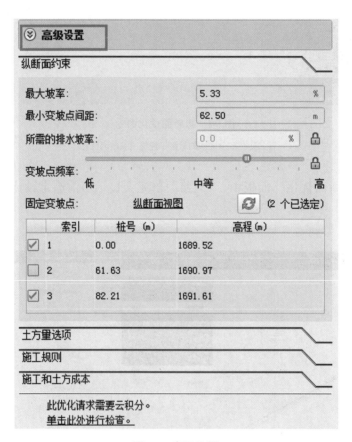

图 97 高级设置

（6）单击"优化"，当优化作业完成后，将收到通知电子邮件，如图 98 所示。

AUTODESK® INFRAWORKS 360®

纵断面优化结果

尊敬的优化服务用户，

PDF 附件为纵断面优化报告。可以在 Autodesk 360 文档页面的 AIW_Optimization 中找到数据解决方案 imx 文件和优化请求设置文件。

数据解决方案文件	V2017A05846605 \ V2017A05846605.imx
优化报告	V2017A05846605 \ V2017A05846605.pdf
优化参数	V2017A05846605 \ V2017A05846605.param

感谢您使用纵断面优化服务。

图 98 优化报告

第二章 Civil 3D

23. 如何利用等高线创建数字地形曲面？

等高线是创建地形曲面最主要的数据之一。目前通常的 CAD 地形图中的等高线都是带高程的线段，例如 Line（直线）或 Pline（多段线），Civil 3D 可以利用这两种 CAD 的图形对象数据生成地形曲面，步骤如下：

（1）打开包含等高线的 CAD 地形图。

（2）在"工具空间"浏览选项卡鼠标右键"曲面"，选择右键菜单"创建曲面…"（图 99）。

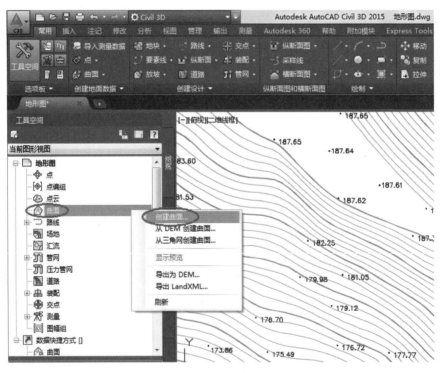

图 99　创建曲面

（3）"创建曲面"窗口打开，类型栏为"三角网曲面"，"名称"栏默认名称为"曲面 <[下一个编号（CP ）]>"，如果不做修改，将创建一个名称为"曲面"加数字编号的曲面，可以修改这个默认值，例如把名称的值改为："原始地形"（图 100），按"确定"

完成曲面创建，注意此刻创建的曲面只是一个空的曲面，还没有实质的内容。

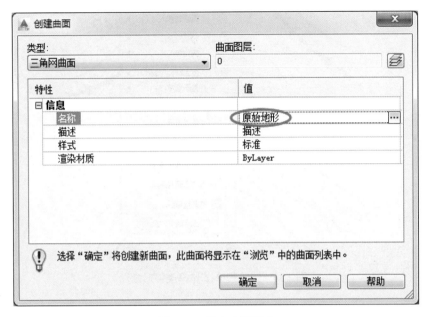

图 100　创建曲面窗口

（4）在"工具空间"浏览选项卡的"曲面"，依次点击加号，展开所有内容（图101），在"定义"下看到作为地形曲面可用的数据类型，其中包括以下我们将要用到的等高线。

（5）为了把图中的等高线加入到曲面中，有多种方法。

1）通过图层控制关闭无关图层，只打开等高线图层，然后选择等高线；

2）右键菜单："快速选择"或"QSELECT"命令；

3）推荐的最简单的方法：先点选一条等高线，然后右键菜单："选择类似对象"，见图102，即可快速选择与点选的这条等高线相似的所有等高线。

（6）保持所有等高线处于选中的状态，点击第（3）步骤创建的"原始地形"曲面下的"等高线"，右键菜单："添加…"，见图103。

图 101　"原始地形"曲面数据类别

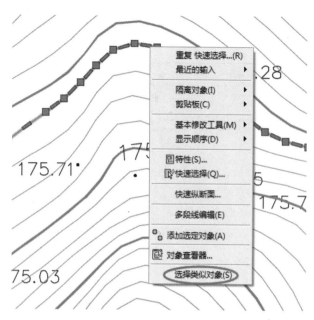

图 102 右键菜单：“选择类似对象”

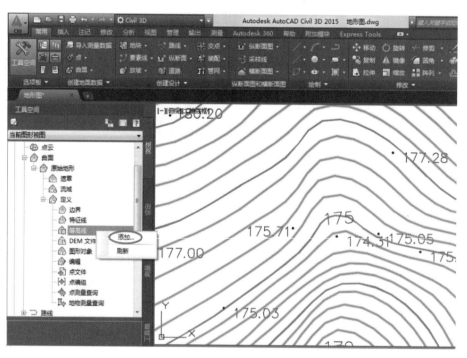

图 103 把选择的等高线添加到曲面

（7）“添加等高线数据”窗口打开，可以根据实际需要调整窗口内的参数（图 104）。例如指定等高线顶点消除距离、指定等高线顶点消除角度来简化曲面，或者指定等高线补充距离、指定等高线中点垂距来提高曲面精度等，如果使用默认值，则按“确定"完成等高线数据添加，根据所添加的等高线数据生成曲面。

图 104　添加等高线数据窗口

　　为了让曲面边界与地形图吻合，通常需要把地形图边界（闭合的多段线）添加到曲面定义的边界数据中，由于与添加等高线方法一样，此处不再叙述。

　　由于创建的曲面是在 CAD 地形图中产生的，通常地形图中还存在我们不需要的其他图形对象，为了"净化"数据，并且利用 Civil 3D 提供的曲面的样式，可利用"LandXML"数据交互文件快速"净化"，步骤如下：

　　（1）在"工具空间""浏览"面板，点选所创建的"原始地形"曲面，右键菜单："导出 LandXML"，"导出为 LandXML"窗口打开，可指定导出的对象，见图 105，"确定"导出 xml 文件，指定文件名例如"原始地形 .xml"。

图 105　导出为 LandXML 窗口

（2）新建图形，选择"_AutoCAD Civil 3D 2015 China Standard Style.dwt"样板（图 106）。

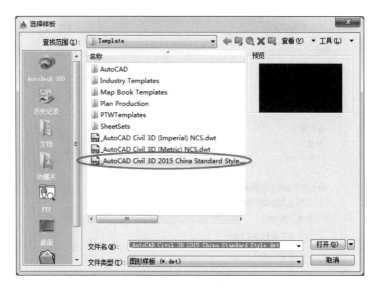

图 106　选择样本

注：由于 Civil 3D2016 没有出中国扩展包，可用 2015 版替代。

（3）选择功能区："插入 >LandXML"，在"导入 LandXML"窗口，选择上述导出的"原始地形 .xml"，生成地形曲面。由于通过 LandXML 导出的仅为曲面数据，数据得以"净化"，在基于 Civil 3D 样板的新建"空白"文件中，再导入 LandXML 曲面，就获得"纯粹"的地形曲面（图 107）。

图 107　最终的地形曲面

24. 如何利用地形图中的高程点创建数字地形曲面？

除了上述利用等高线生成地形曲面以外，还可以利用地形图中的高程点来补充地形曲面数据，以提高曲面的精度。Civil 3D 可以利用 AutoCAD 的点（Point）图形对象直接生成曲面，但大多数的 CAD 地形图中的高程点不是 AutoCAD 的点（Point）图形对象，而是 AutoCAD 的图块（Block），所以不能直接使用，需要使用间接的方法：先利用 AutoCAD 的"提取数据"功能把地形图中的高程点图块的 X、Y、Z 坐标导出成一个文本文件，然后利用 Civil 3D 的"从文件导入点"功能生成 Civil 3D 点，这样就可利用 Civil 3D 点作为地形曲面的数据了。

以下是把地形图中的高程点图块的 X、Y、Z 坐标导出成一个文本文件的步骤：

（1）首先使用 AutoCAD 的特性查询命令，了解高程点图块名称，以便数据提取时作为过滤条件之用。

（2）功能区："插入 > 提取数据"，"数据提取"向导窗口打开（图 108）。

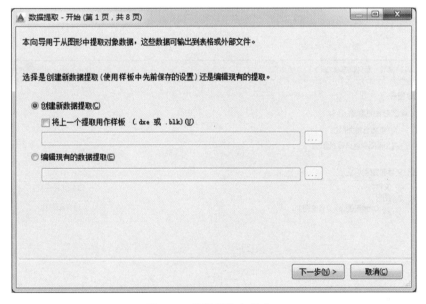

图 108　数据提取向导窗口

（3）按"下一步"，在"将数据提取另存为"窗口，指定样本文件名，例如"高程点提取 .dxe"，按"保存"按钮，见图 109。

（4）"定义数据源"窗口打开（图 110），默认是当前图形的所有对象，这样将把当前所有图形对象都选择上，如果在使用"数据提取"之前先选择要提取的对象而非所有对象，可勾选"在当前图形中选择对象"选项，可加快提取速度。然后，按"下一步"。

图 109 "将数据提取另存为"窗口

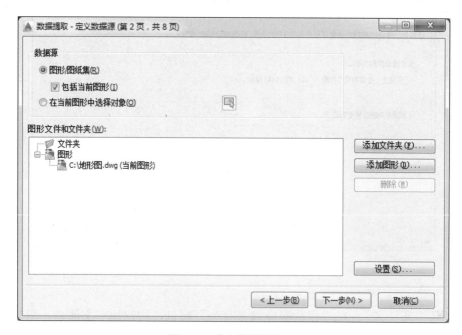

图 110 定义数据源窗口

(5) 在"选择对象"窗口(图 111),不勾选"显示所有对象类型",勾选"仅显示块",以减少选择的对象,并根据之前通过特性查询得知的高程点图块名称(例如名称为:200300),在对象列表中勾选该图块名称,其余不勾选,然后按"下一步"。

图 111　选择对象窗口

（6）在"选择特性"窗口（图 112），由于只需要提取高程点图块的 X、Y、Z 值，所以在"类别过滤器"栏，仅勾选"几何图形"，在"特性"列表，仅勾选"位置"的 X、Y、Z，然后按"下一步"。

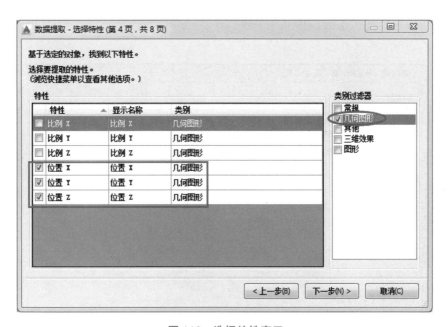

图 112　选择特性窗口

（7）在"优化数据"窗口（图 113），不勾选"显示计数列"和"显示名称列"，因仅需要 X、Y、Z，然后按"下一步"。

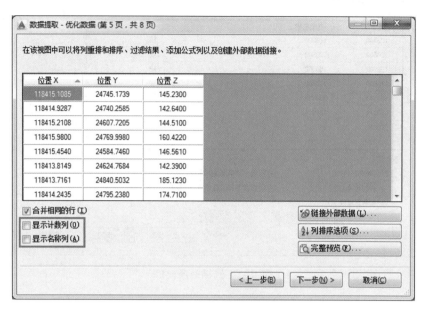

图 113　优化数据窗口

（8）在"选择输出"窗口（图 114），勾选"将数据输出至外部文件"，按 ⬚ 按钮打开"另存为"窗口，输入导出的外部数据文件名称，注意选择文件类型为"csv"或"txt"，按"保存"按钮返回，按"下一步"。

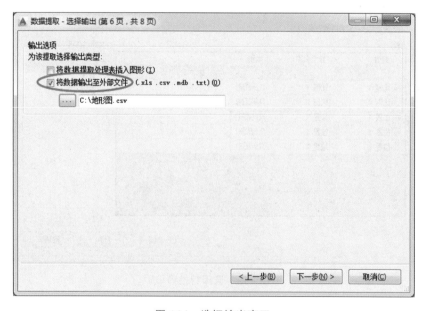

图 114　选择输出窗口

（9）点击"完成"按钮，完成数据提取至外部文件。

生成的高程点坐标文件（格式为 csv 或 txt）为文本格式文件，可以用"记事本"或微软 Office Excel 打开，如图 115 所示。

可以看到每个高程点坐标值占一行，X、Y、Z 值用英文的逗号分隔，第 1 行"位置 X，位置 Y，位置 Z"文字要整行删除并保存，修改此文件一定要注意保持原来的格式，否则 Civil 3D 可能无法识别。

图 115　用"记事本"打开高程点坐标文件

基于这个高程点文件，就可以导入 Civil 3D，添加到地形曲面数据中。步骤如下：

（1）在 Civil 3D 打开第 0 个问题所述的利用等高线创建的地形曲面文件。

（2）功能区："插入 > 从文件导入点"，打开"导入点"窗口，见图 116，由于之前

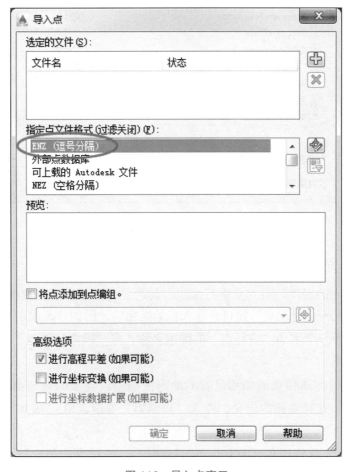

图 116　导入点窗口

导出的高程点文件坐标值之间是用逗号分隔的，所以在"指定点文件格式"栏，选择"ENZ（逗号分隔）"格式与高程点文件的 XYZ 格式匹配，其中"E"为东距，"N"为北距，"Z"为高程。

（3）在"选定的文件"栏右侧，按 <img_1> 按钮，"选择源文件"窗口打开（图 117），选择之前保存的高程点文件"高程点提取 .csv"。

图 117　选择源文件窗口

（4）按"打开"后返回"导入点"窗口（图 118），在"预览"栏可看到高程点的坐标值，为了便于点的管理，可对点进行编组，勾选"将点添加到点编组"，按 按钮，打开"点文件格式—创建编组"窗口，输入点编组名称，例如"高程点"，这样这批导入的高程点将被赋予一个名为"高程点"的编组名称，点"确定"按钮，将自动生成 Civil 3D 点。

（5）可以把这些高程点添加到已有的地形曲面或创建新的地形曲面，在"工具空间"的浏览面板，选择曲面的定义，点选"点编组"右键菜单："添加"（图 119 点编组右键菜单）。

（6）"点编组"窗口打开（图 120 点编组窗口），选择之前创建的"高程点"编组，按"确定"完成。

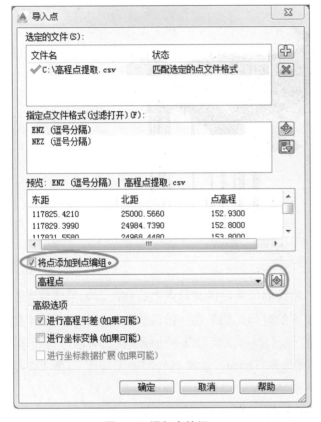

图 118　添加点编组

图 119　点编组右键菜单

图 120　点编组窗口

25. 如何处理不正确的高程点和等高线的地形曲面？

很多时候我们拿到的 CAD 地形图，其等高线和高程点数据是有错误的，这样生成的地形曲面就如图 121 所示，会出现过低或者过高的曲面。

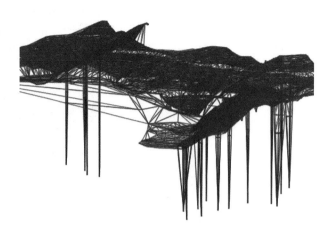

图 121　有错误的曲面

　　要排除这些错误的数据，需要找到错误的等高线或高程点进行修改，如果该位置很重要就需要重新测量，这样要花费比较多的时间。如果这些错误的数据对整体的地形影响不大，可以忽略这些为数不多的数据，我们就可以采用以下比较简捷的方法进行处理：

　　（1）选择要处理的曲面，例如"原始地形"曲面，右键菜单："曲面特性"（图 122）。

图 122　"原始地形"曲面右键菜单

(2)"曲面特性"窗口打开（图123），选择"定义"选项卡，按"生成"左侧加号展开，把"排除小于此值的高程"值设为"是"，本案例地形高程都在100米以上，所以可以设置"高程 <"值为"50"米，这样低于50米的高程数据将被排除。如果有需要同样可以排除高于某个高程值的数据。按"确定"完成。

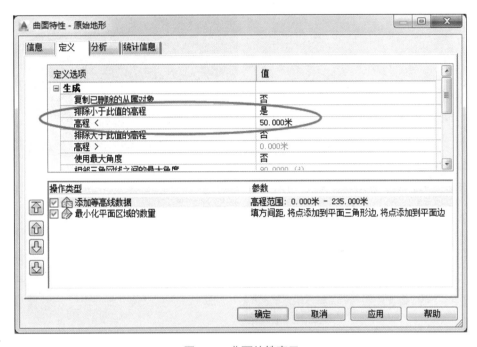

图123　曲面特性窗口

排除了错误的数据之后的地形曲面如图124所示。

图124　排除错误数据的地形曲面

26. 如何进行数字地形曲面的分析模型显示？

地形曲面主要有：方向、高程、坡度和坡面箭头等 4 种分析表现形式，见图 125。

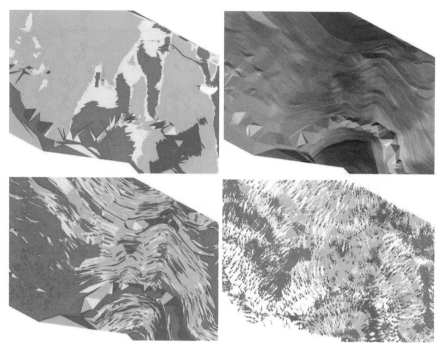

图 125　地形曲面的"方向"（左上）、"高程"（右上）、"坡度"（左下）、"坡面箭头"（右下）

（1）方向分析

地形曲面的"方向"表现主要用于地形曲面三角形面的方向（朝向）分析，显示地形曲面"方向"的具体步骤如下：

1）选择曲面模型，右键菜单："编辑曲面样式"；

2）"曲面样式"窗口打开（图 126），选择"分析"选项卡，点"方向"左侧加号展开特性内容，从"方案"值的下拉列表选择合适的方案，例如"彩虹色"；

3）选择"显示"选项卡（图 127），使用"控制视图方向"可分别控制平面和三维状态下的显示，如果当前视图是处于平面状态，可选择"平面"，然后让"方向"可见打开，其余关闭。同理如果希望在三维状态下显示，可把"平面"改为"模型"，然后让"方向"可见打开，其余关闭；

4）按"确定"；

5）选择曲面模型，右键菜单："曲面特性"，打开"曲面特性"窗口（图 128），选择"分析"选项卡，选择"分析类型"栏下拉列表的"方向"，按 ⬇ 按钮生成分析，按"确定"完成；

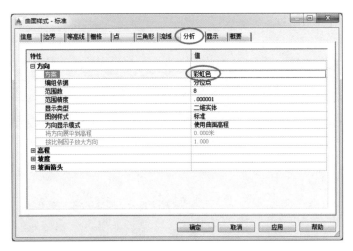

图 126　曲面样式窗口，"分析"选项卡，"方向"设置

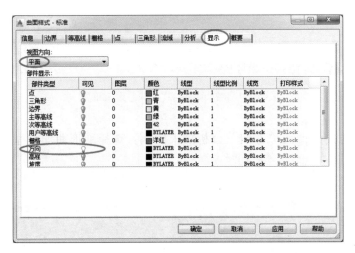

图 127　曲面样式窗口，"显示"选项卡，"方向"可见

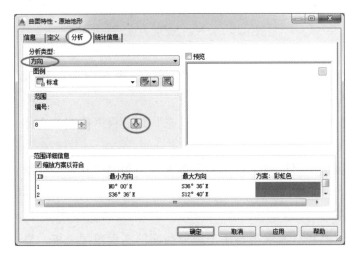

图 128　曲面特性

6）结果如图 129 所示；

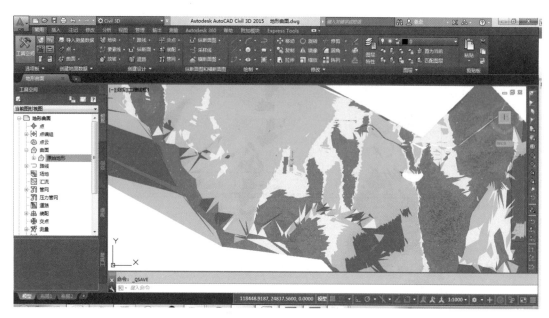

图 129　地形曲面的"方向"表现形式

7）可以为当前的曲面"方向"分析插入图例。选择地形曲面模型，上下文功能区出现："三角网曲面"，点选"添加图例"（图 130）；

图 130　上下文功能区的添加图例

8）出现关联菜单（图 131），选择"方向"，或在命令行输入"D"，以选择插入表的类型；

9）然后为图例表选择"行为"，选"动态"则会根据模型的变化自动更新图例；

10）在绘图区域中点选一个点作为图例表左上角的位置，完成结果见图 132。

（2）高程分析

地形曲面的"高程"表现主要用于地形曲面的高程范围分析，显示地形曲面"高程"的具体步骤如下：

图 131　添加图例关联菜单

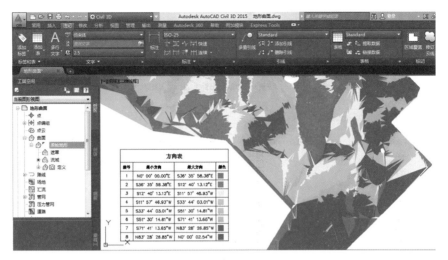

图 132　地形曲面方向表图例

1）选择曲面模型，右键菜单："编辑曲面样式"；

2）"曲面样式"窗口打开（图 133），选择"分析"选项卡，点"高程"左侧加号展开特性内容，从"方案"值的下拉列表选择合适的方案，例如"彩虹色"；

图 133　曲面样式窗口，"分析"选项卡，"高程"设置

3）选择"显示"选项卡（图 134），使用"控制视图方向"可分别控制平面和三维状态下的显示，如果当前视图是处于平面状态，可选择"平面"，然后让"高程"可见打开，其余关闭。同理如果希望在三维状态下显示，可把"平面"改为"模型"，然后

让"高程"可见打开,其余关闭;

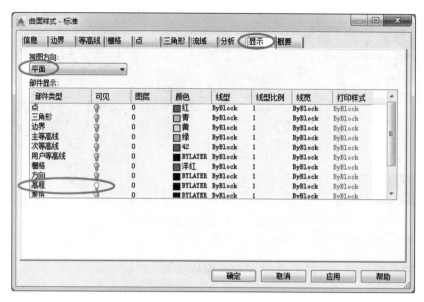

图 134　曲面样式窗口,"显示"选项卡,"高程"可见

4)按"确定";

5)选择曲面模型,右键菜单:"曲面特性",打开"曲面特性"窗口(图 135),选择"分析"选项卡,选择"分析类型"栏下拉列表的"高程",按 按钮生成分析,按"确定"完成;

图 135　曲面特性窗口

6）结果如图 136 所示；

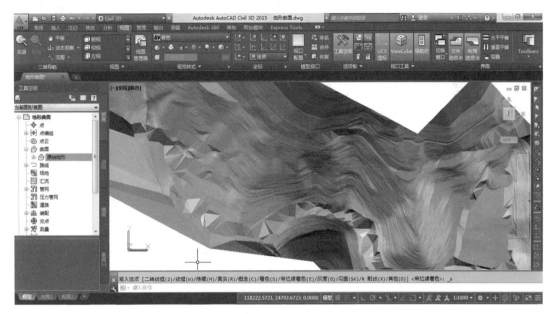

图 136　地形曲面的"高程"表现形式

7）可以为当前的曲面"高程"分析插入图例。选择地形曲面模型，上下文功能区出现："三角网曲面"，点选"添加图例"（图 130）；

8）出现关联菜单（图 137），选择"方向"，或在命令行输入"E"，以选择插入表的类型；

9）然后为图例表选择"行为"，选"动态"则会根据模型的变化自动更新图例；

10）在绘图区域中点选一个点作为图例表左上角的位置，完成结果见图 138。

（3）坡度分析

输入表类型

方向(D)

● 高程(E)

坡度(S)

坡面箭头(A)

等高线(C)

用户等高线(U)

流域(W)

图 137　添加图例关联菜单

地形曲面的"坡度"表现主要用于地形曲面的坡道范围分析，显示地形曲面"坡度"的具体步骤如下：

1）选择曲面模型，右键菜单："编辑曲面样式"；

2）"曲面样式"窗口打开（图 139），选择"分析"选项卡，点"坡度"左侧加号展开特性内容，从"方案"值的下拉列表选择合适的方案，例如"彩虹色"；

3）选择"显示"选项卡（图 140），使用"控制视图方向"可分别控制平面和三维状态下的显示，如果当前视图是处于平面状态，可选择"平面"，然后让"坡度"可见打开，其余关闭。同理如果希望在三维状态下显示，可把"平面"改为"模型"，然后

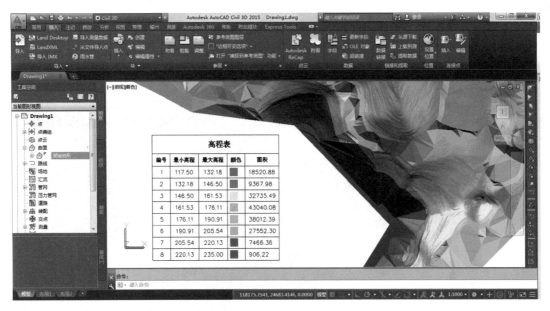

图 138　地形曲面高程表图例

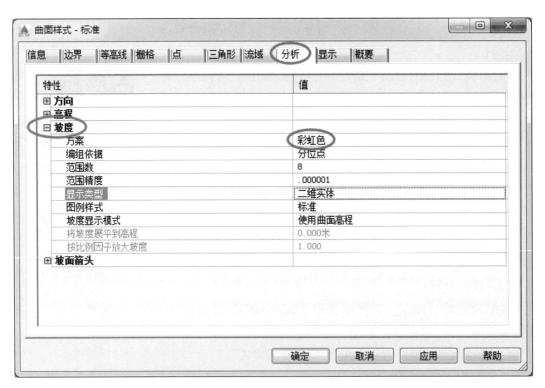

图 139　曲面样式窗口，"分析"选项卡，"坡度"设置

让"坡度"可见打开，其余关闭；

　　4）按"确定"；

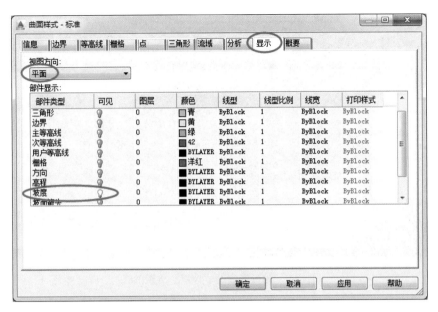

图 140　曲面样式窗口，"显示"选项卡，"坡度"可见

5）选择曲面模型，右键菜单："曲面特性"，打开"曲面特性"窗口（图 141），选择"分析"选项卡，选择"分析类型"栏下拉列表的"坡度"，按 ⬇ 按钮生成分析，按"确定"完成；

图 141　曲面特性窗口

6）结果如图 142 所示；

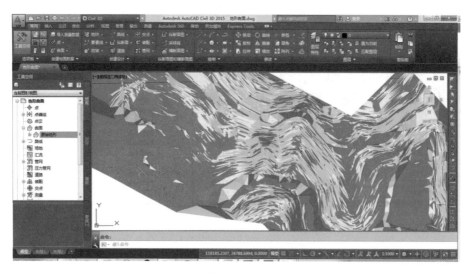

图 142　地形曲面的"坡度"表现形式

　　7）可以为当前的曲面"坡度"分析插入图例。选择地形曲面模型，上下文功能区出现："三角网曲面"，点选"添加图例"（图 130）；

　　8）出现关联菜单（图 143），选择"坡度"，或在命令行输入"S"，以选择插入表的类型；

　　9）然后为图例表选择"行为"，选"动态"则会根据模型的变化自动更新图例；

　　10）在绘图区域中点选一个点作为图例表左上角的位置，完成结果见图 144。

图 143　添加图例关联菜单

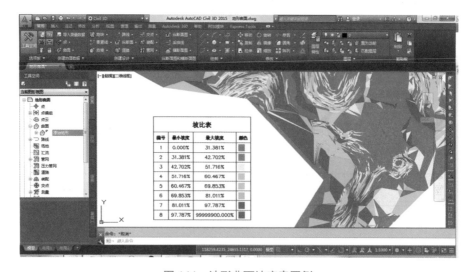

图 144　地形曲面坡度表图例

（4）坡面箭头分析

地形曲面的"坡面箭头"表现主要用于地形曲面的坡面方向分析，坡面箭头放置在每个曲面三角形上。显示地形曲面"坡面箭头"的具体步骤如下：

1）选择曲面模型，右键菜单："编辑曲面样式"；

2）"曲面样式"窗口打开（图 145），选择"分析"选项卡，点"坡面箭头"左侧加号展开特性内容，从"方案"值的下拉列表选择合适的方案，例如"彩虹色"；

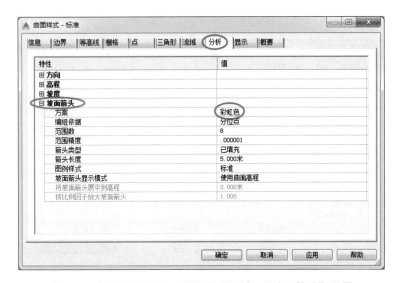

图 145　曲面样式窗口，"分析"选项卡，"坡面箭头"设置

3）然后选择"显示"选项卡（图 146），使用"控制视图方向"可分别控制平面和三维状态下的显示，如果当前视图是处于平面状态，可选择"平面"，然后让"坡面箭

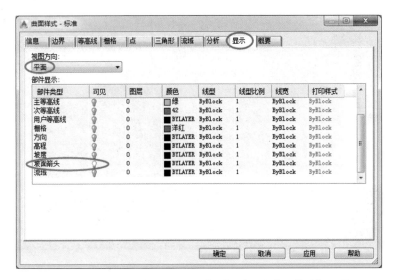

图 146　曲面样式窗口，"显示"选项卡，"坡面箭头"可见

头"可见打开，其余关闭。同理如果希望在三维状态下显示，可把"平面"改为"模型"，然后让"坡面箭头"可见打开，其余关闭；

4）按"确定"；

5）选择曲面模型，右键菜单："曲面特性"，打开"曲面特性"窗口（图 147），选择"分析"选项卡，选择"分析类型"栏下拉列表的"坡面箭头"，按  按钮生成分析，按"确定"完成；

6）结果如图 148 所示；

图 147　曲面特性窗口

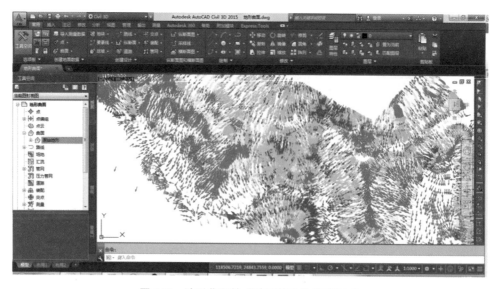

图 148　地形曲面的"坡面箭头"表现形式

7）可以为当前的曲面"坡度"分析插入图例。选择地形曲面模型，上下文功能区出现："三角网曲面"，点选"添加图例"（图130）；

8）出现关联菜单（图149），选择"坡面箭头"，或在命令行输入"A"，以选择插入表的类型；

9）然后为图例表选择"行为"，选"动态"则会根据模型的变化自动更新图例；

10）在绘图区域中点选一个点作为图例表左上角的位置，完成结果见图150。

输入表类型
方向(D)
● 高程(E)
坡度(S)
坡面箭头(A)
等高线(C)
用户等高线(U)
流域(W)

图 149　添加图例关联菜单

图 150　地形曲面坡面箭头表图例

27. 如何创建更美观的地形图？

在上述第26问题中，叙述了 Civil 3D 地形曲面的几种显示方式，这些显示方式更倾向于专业的分析模型显示。以下介绍利用 Civil 3D 的地图功能创建美观的地形图方法：

（1）把创建好的地形曲面导出为 DEM 格式文件。在工具空间，选择曲面，例如："原始地形"，右键菜单：导出为 DEM，见图151。

（2）"将曲面导出到 DEM"窗口打开（图152），分别输入如下：

1）在"DEM 文件名"栏，指定文件名，例如：原始地形 .dem；

2）在"导出坐标分带"栏，按▦键，打开"选择坐标系"窗口（图153），需要对当前地图选择所处坐标分带（图154），选择"UTM – WGS84 Datum"坐标系，按"+"号展开，找到"WGS 84/UTM zone 44N"，由于这里并非制作真正的地图，只是利用此功能创建地图的显示方式，所以坐标系的选择正确与否并不重要。

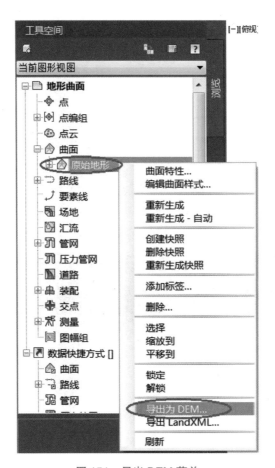

图 151　导出 DEM 菜单

图 152　"将曲面导出到 DEM"窗口

图 153 "选择坐标系"窗口

图 154　选择地图所处的坐标分带

3）设置"栅格间距"，默认值是 1 米，栅格间距约小，显示效果越好，但对电脑性能的要求也越高；

4）"确定"完成。

（3）使用"Map 2D.dwt"样板，新建空白文件。

（4）功能区：视图 > 选项板 > 地图任务窗格，按提示输入"o"打开任务窗格，见图 155。

（5）按"数据"按钮，弹出菜单选择"连接到数据"，"数据连接"窗口打开（图 156），选择"添加光栅图像或曲面连接"，按  按钮，选择之前保存的 DEM 文件，按"连接"按钮。

图 155　地图任务窗格

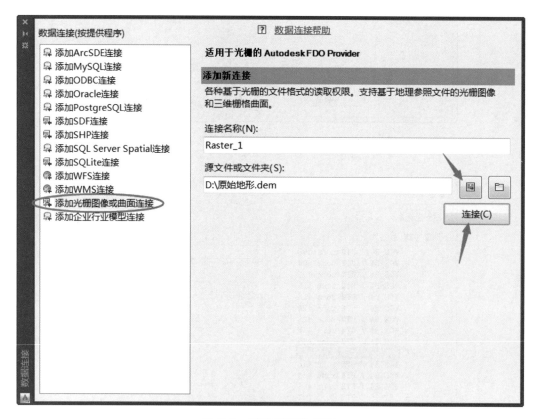

图 156　"数据连接"窗口

（6）连接了 DEM 文件后，需要把该光栅文件添加贴图，按"添加到贴图"按钮（图 157）。

（7）生成的地图默认样式为绿色，我们需要修改样式。在"任务窗格"，选中刚生成的地图，按"样式"按钮，见图 158。

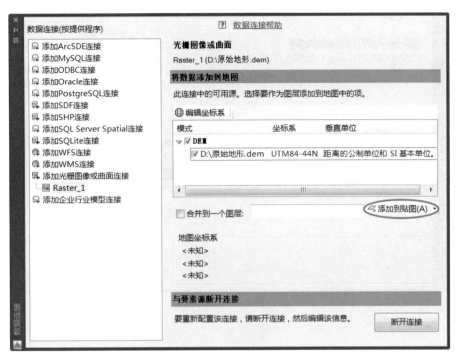

图 157　添加贴图

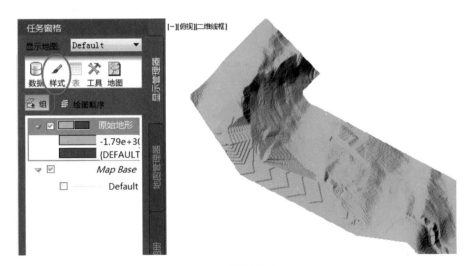

图 158　"样式"按钮

（8）打开"样式编辑管理器"（图 159），点击"专题"样式。

（9）打开"专题"窗口，在"调色板"下拉列表中，选择"USGS National Map palette"，见图 160。

（10）"确定"完成设置，返回样式编辑管理器，按"应用"按钮，结果如图 161 所示。

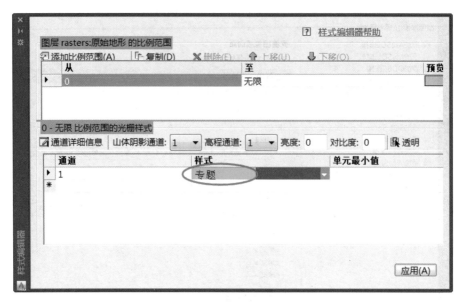

图 159　样式编辑管理器

图 160　"专题"窗口

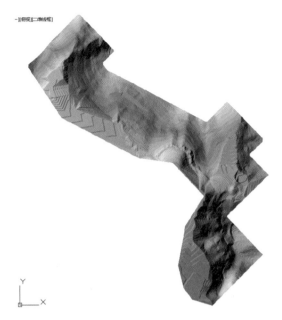

图 161　更美观的地形图

（11）如果需要，还可增加等高线。在"**任务窗格**"选中地图，选择功能区：光栅图层 > 等高线图层（图 162）。

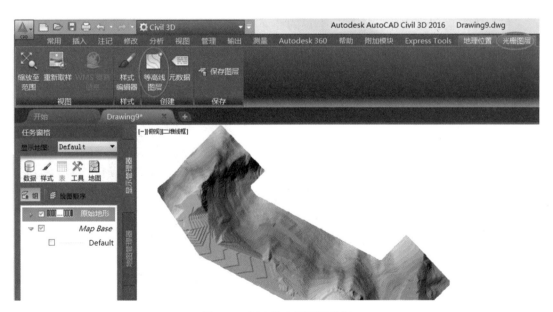

图 162　创建等高线图层按钮

（12）打开"生成等高线"窗口（图 163），根据实际地形高程情况调整"等高线高程间距"和"主等高线间距"，"确定"完成，带等高线的地形图如图 164 所示。

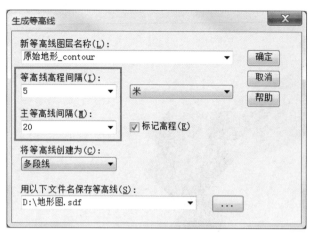

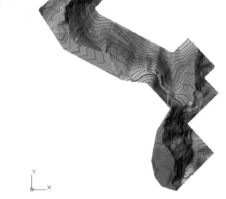

图 163 "生成等高线"窗口 　　　　　图 164 带等高线的地形图

28. 如何创建多层地质实体模型？

Civil 3D 可以创建多个地形曲面来模拟多层地质构造，Civil 2016 版可以通过多层的地形曲面创建实体模型，从而实现更形象的多层地质构造表现。具体步骤如下：

（1）利用地质勘探资料，创建多个地形曲面。通常情况下根据地质勘探点位和土层厚度创建数据文件，具体方法可参阅上述问题 24。为每层土的上下两个面分别创建曲面，上下两个曲面之间即为该土层，如图 165 所示。

（2）为土层创建实体。选择最上层的曲面，关联功能区："三角网曲面"选择"从曲面提取实体"，见图 166。

图 165 地质土层曲面 　　　　　图 166 "从曲面提取实体"命令

（3）"从曲面提取实体"窗口打开（图 167），"在曲面处"栏选择下层土层曲面"土层 -2"，按"创建实体"完成实体提取。

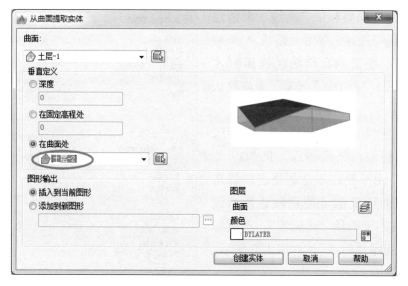

图 167　"从曲面提取实体"窗口

（4）依次完成其他土层曲面实体的提取，完成的土层实体如图 168 所示。

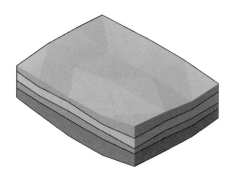

图 168　地质土层实体

29. 如何绘制地质剖面图？

Civil 3D 没有直接提供绘制地质剖面图的功能，但是利用纵断面功能，还是可以比较方便地绘制出地质剖面图。以上述多层地质实体模型为例，具体步骤如下：

（1）首先，创建多层地形曲面（具体方法请参阅问题 24 和问题 27），如图 165 所示。

（2）用多段线创建地质剖面线（绘制前打开 AutoCAD 的"节点"捕捉，可精确捕捉到孔位点），如图 169 所示。

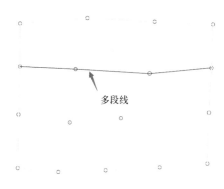

图 169　用多段线绘制剖面线

（3）然后我们要利用"路线"来创建纵断面，选择功能区：常用 > 路线 > 从对象创建路线，按提示在绘图区选择刚才创建的多段线，分别按"回车"完成默认提示。

（4）"从对象创建路线"窗口打开，在"名称"栏输入路线名称，例如："地质剖面 -1"，由于我们不是创建道路的路线，所以其他设置都可使用默认值，但"路线标签集"可选择"无标签"，不要勾选"在切线间添加曲线"，如图 170 所示，按"确定"完成。

（5）选择功能区：常用 > 纵断面 > 从曲面创建纵断面。

（6）"从曲面创建纵断面"窗口打开，分别选择土层曲面，按"添加 >>"按钮，添加到纵断面列表中，如图 171 所示。

图 170 "从对象创建路线"窗口

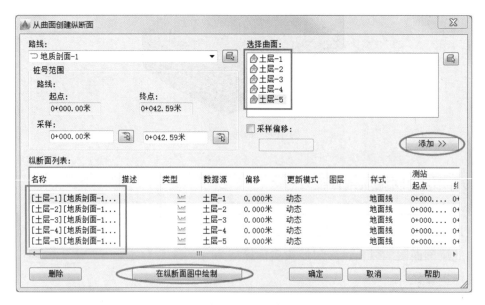

图 171 "从曲面创建纵断面"窗口

（7）按"在纵断面图中绘制"按钮，打开"创建纵断面图"引导提示窗口（图 172），修改"纵断面图名称"，"纵断面图样式"建议选择"曲线和平曲线点"；然后，选择窗口左侧引导栏的"数据标注栏"。

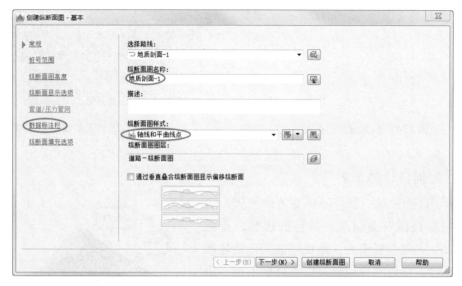

图 172 "创建纵断面图"引导提示窗口

（8）创建纵断面引导跳至"数据标注栏"窗口（图 173），在"选择标注栏集"下拉列表，选择"无标注栏"。

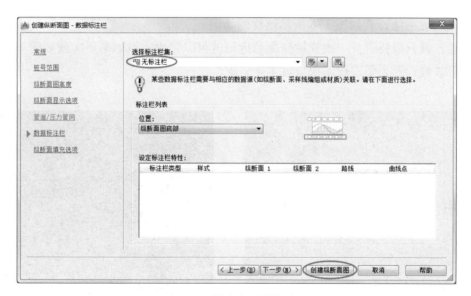

图 173 "数据标注栏"窗口

（9）按"创建纵断面图"按钮，然后提示选取一个点插入剖面图，见图 174。

（10）利用 AutoCAD 的图案填充和文字标注，完成地质剖面图的绘制，见图 175。

图 174　土层曲面剖面图　　　　　　　　图 175　增加图案填充和注释

30. 如何进行放坡?

Civil 3D 的放坡（图 176）通常由坡脚、边坡线、投影线以及面组成。放坡的边界，也就是"坡脚"必须是要素线、地块线或其他放坡产生的边坡线。放坡的目标则可以是地形曲面、距离、高程或相对高程。

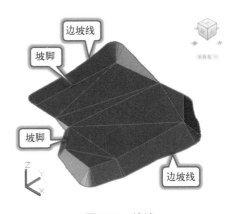

图 176　放坡

由于实际工程中，现场场地千变万化，放坡造型可能是比较复杂的，所以很多时候放坡不能一次完成，需要进行多次的放坡，才能组成一个完整的放坡结果。因此，在开始放坡前，需要制定合适的放坡方法。若如图 176 所示这样的场地进行放坡，就只需要进行一次放坡到原始地形就可以完成，但如果要实现如图 177 所示的多台阶放坡，则需要进行多次放坡才能完成。

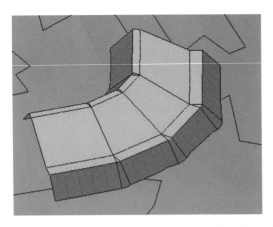

图 177　多台阶放坡

以下是对于图 176 的场地放坡的步骤，由于放坡目标是直接放坡到地形曲面，所以比较简单，只需进行一次放坡即可完成：

（1）首先，利用多段线绘制场地边界，并赋予多段线的标高（如果此时不指定标高，也可以在转换成要素线后再指定标高）。

（2）选择功能区："常用 > 要素线 > 从对象创建要素线"，选择步骤（1）的场地边界多段线，转换为要素线，见图178。

（3）可对场地边界标高进行编辑，选择要素线，在关联选项卡上选择"高程编辑器"，打开

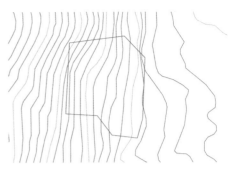

图 178　多段线转换为要素线

放坡高程编辑器，可以按需要修改每个顶点的高程，例如让场地产生一定的排水坡度，见图179。

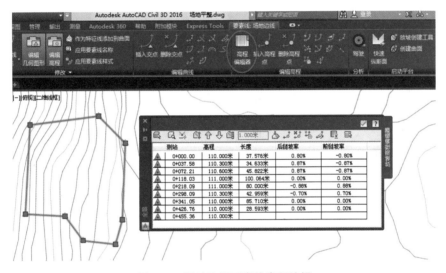

图 179　场地边界要素线高程编辑

（4）选择功能区："常用 > 放坡 > 放坡创建工具"，弹出放坡创建工具窗口，见图180。

图 180　放坡创建工具

（5）首先，创建放坡组，按放坡创建工具窗口的 ▧ 按钮，打开创建放坡组窗口（图181），输入该放坡组的名称，例如：场地，按"确定"完成。

（6）设定目标曲面，按放坡创建工具窗口的 ⟁ 按钮，打开选择曲面窗口（图182），选择要放坡的目标曲面，按"确定"完成。

（7）设定放坡标准集，按放坡创建工具窗口的 ⟁ 按钮，打开选择标准集窗口（图183），由于该案例场地放坡是直接放至原始地形曲面，所以选择放坡目标为曲面，按"确定"完成。

图 181　创建放坡组窗口

图 182　选择曲面窗口

图 183　选择标准集窗口

（8）选择放坡时是填方还是挖方，如果不确定可选挖填方，这样程序根据实际需要自动处理，可通过放坡创建工具窗口选择，见图184。

图 184　放坡创建工具的挖填方式

（9）创建放坡，按放坡创建工具窗口的 ⟁ 按钮，按提示选择要素线，见图185。

（10）提示选择放坡边，即放坡是基于要素线的哪一侧，本例放坡是在场地边界以外，所以，在场地边界要素线以外任意点选即可，无须精确定位，程序只是需要知道你所选的点是在场地的范围内还是范围外。

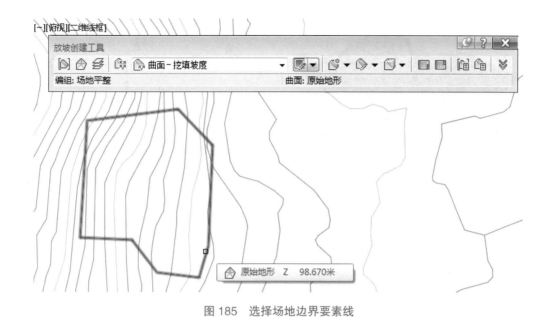

图185　选择场地边界要素线

（11）提示是否应用到整个长度，本案例是需要整个场地范围进行放坡，所以选择"是"，如果选择"否"，则还需要指定放坡的起点和终点。

（12）分别提示输入挖方坡度和填方坡度。

（13）程序完成放坡的创建，见图186。

（14）此时的场地中间是空的，没有形成一个面，需要使用创建放坡填充命令，见图187，提示选择要填充的范围，在场地中点选即可。注意此步骤需在平面视图下进行。

图186　场地放坡

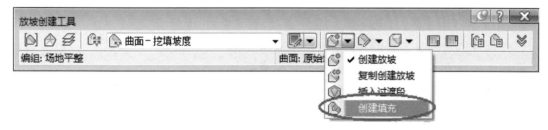

图187　创建填充命令

（15）完成的放坡见图188。

对于多级放坡，则需要进行多次的放坡才能完成，但原理是一样的，具体方法与上述步骤大致相同。以下案例的剖面尺寸按图189进行放坡。

图 188　完成的场地放坡

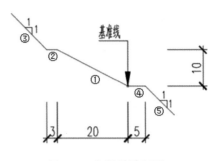

图 189　多级放坡剖面

（1）首先在原始地形中用多段线绘制放坡的基准线，并赋予标高，然后转换为要素线，见图 190（以下步骤凡是与上述方法相同，将不重复叙述具体的操作步骤）。

（2）选择功能区："常用 > 放坡 > 放坡创建工具"，弹出放坡创建工具窗口。

（3）按 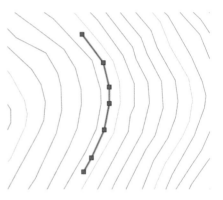 按钮，创建放坡组，可指定放坡名称，例如：护坡。

（4）先创建图 189 基准线左侧的放坡，第一个放坡①是一个斜坡，水平距离为 20 米，高度为 10 米的

图 190　多级放坡基准线（要素线）

坡段，所以放坡目标可以选择"距离"，然后选择"距离–相对高程"放坡标准，见图 191。

图 191　放坡标准：距离 – 相对高程

按放坡创建工具窗口的 按钮，按提示选择要素线、放坡边、水平距离、相对高程，完成第①段放坡，见图 192。

（5）第②段放坡为水平坡段，水平距离为 3 米，由于程序规则不允许输入 0 的相对高程值，所以水平坡段就不能使用"距离 – 相对高程"放坡标准，而要采用"距离 – 坡度"放坡标准，见图 193。

按放坡创建工具窗口的 按钮，按提示选择要素线，此刻选择的要素线为①段放坡的边坡线

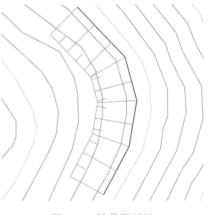

图 192　第①段放坡

图 193　放坡标准：距离－坡度

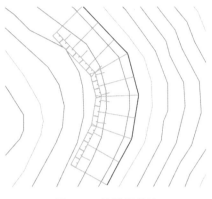

（图 192 边坡左侧绿色边线），按提示指定水平距离 3 米，坡度输入 0%（平坡的坡度值为 0%），完成第②段放坡，见图 194。

（6）第③段放坡就直接放到原始地形曲面，所以放坡目标为曲面，采用放坡标准为"曲面－挖填坡度"，见图 195。

按放坡创建工具窗口的 按钮，按提示选择要素线，此刻选择的要素线为第②段放坡的边坡线（图 194 边坡左侧绿色边线），按提示输入挖方坡度：1：1，填方坡度：1：1，完成第③段放坡，见图 196。

图 194　第②段放坡

（7）第④段放坡为水平放坡，放坡距离为 5m，放坡目标为"距离"，采用"距离－坡度"放坡标准，见图 193。按放坡创建工具窗口的 按钮，按提示选择要素线，此刻选择的要素线为基准线（图 190），按提示选择放坡边、指定距离为 5 米，坡度为 0%，完成第④段放坡，见图 197。

图 195　放坡标准：曲面－挖填坡度

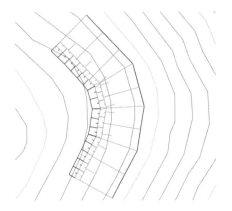

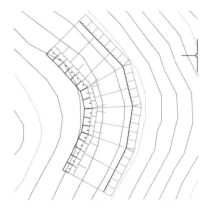

图 196　第③段放坡　　　　　　　　图 197　第④段放坡

（8）第⑤段放坡是直接放到原始地形曲面，所以放坡目标为曲面，采用放坡标准为"曲面－挖填坡度"，见图 195。按放坡创建工具窗口的 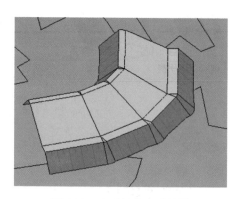 按钮，按提示选择要素线，此刻选择的要素线为第④段放坡的边坡线（图 197 边坡右侧绿色边线），按提示输入挖方坡度：1∶1，填方坡度：1∶1，完成第⑤段放坡。

最后的多台阶放坡结果见图 198。

图 198　完成的多台阶放坡

31. 如何把放坡曲面与原始地形曲面融合在一起？

当完成了放坡后，放坡的挖方部分被原始地形曲面遮挡住（图 199）。

为了展现挖方效果，需要把放坡曲面和原始地形曲面进行融合，可采用曲面粘贴的功能来实现，步骤如下：

（1）首先，创建一个新的空曲面。

（2）选择：定义＞编辑，右键菜单：粘贴曲面（图 200）。

图 199　放坡与原始地形重叠

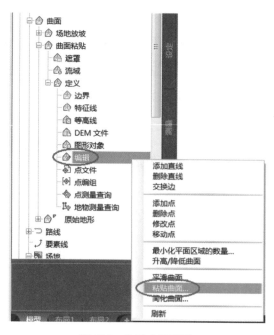

图 200　粘贴曲面菜单

（3）"选择要粘贴的曲面"窗口（图201）打开，先选择原始地形曲面，"确定"完成。

图201　"选择要粘贴的曲面"窗口

（4）然后重复上一步骤，把场地放坡曲面也粘贴进去。虽然Civil 3D可以一次选择多个曲面进行粘贴，但这样往往容易出现错误，建议还是一个一个地进行粘贴。

（5）曲面粘贴完成后，对粘贴的曲面进行隔离后显示的结果如图202所示。

图202　原始地形与放坡的曲面融合

32. 如何快速创建临时的剖面图？

我们经常需要创建临时的剖面图来了解原始地形和放坡的关系。在前面问题29中叙述了利用"路线"创建纵断面的方法来创建剖面的其中一种方式，但这个方法步骤略为麻烦，对于临时的剖面，我们以场地放坡为例，使用下述的方法快速创建临时剖面（快速纵断面）：

（1）选择功能区：常用 > 纵断面 > 快速纵断面。

（2）提示"选择对象 或 [按照点（P）]："，输入"P"，按提示在平面视图中点取剖面位置的起点和终点（见图 203 确定剖面位置）。

（3）提示"选择纵断面图原点："，屏幕点取纵断面的左下角，绘制如图 204 所示的纵断面。

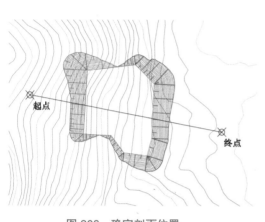

图 203　确定剖面位置

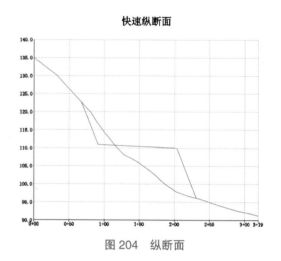

图 204　纵断面

33. 如何进行水平或垂直的放坡？

Civil 3D 要进行水平或垂直放坡，可以预先在放坡规则中对坡度或坡率进行水平或垂直的设置，供在放坡时选择。例如，图 205 所示的具有水平坡度和垂直坡率的放坡，具体方法如下：

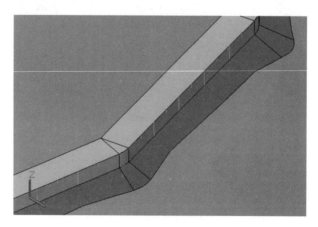

图 205　具有水平坡度和垂直坡率的放坡

（1）在工具空间，切换到"设定"选项卡，见图 206。

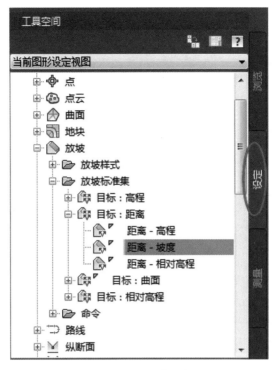

图 206　设定选项卡

（2）由于需要进行水平的放坡，所以选择放坡标准集的放坡目标为：距离－坡度，右键菜单：编辑…，打开放坡标准窗口，见图 207。

图 207　放坡标准 – 距离 – 坡度窗口

（3）把坡度原来的默认值改为：0%，然后回车，坡度值就显示为"水平"，见图 208。

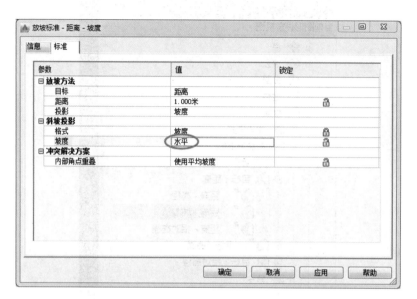

图 208　坡度值显示为水平

（4）对于垂直放坡，选择放坡标准集中的放坡目标为：相对高程 – 坡度，右键菜单：编辑…，打开放坡标准窗口，见图 209。

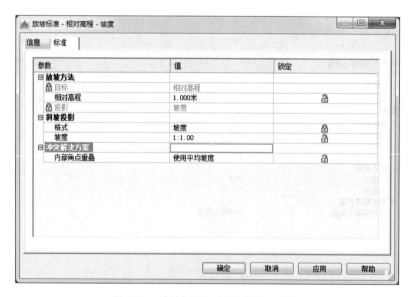

图 209　放坡标准 – 相对高程 – 坡度

先把斜坡投影格式的坡度改为坡率，然后将坡率值改为 999999999%，超过 9 个 9 以后，坡率值就显示为"垂直"，见图 210。

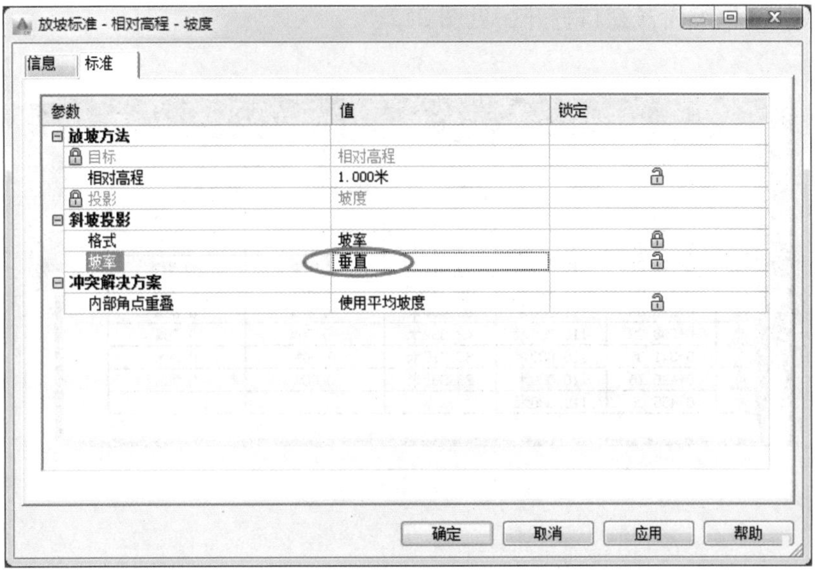

图 210　坡率值显示为垂直

（5）首先，进行图 205 所示的水平放坡，在放坡创建工具窗口，选择放坡标准集为：距离 - 坡度，按 按钮进行放坡，依次按提示进行输入。在提示输入坡度时，默认为之前设置好的“水平”坡度，直接回车即可完成水平放坡。

（6）然后，进行图 205 所示的垂直放坡，在放坡创建工具窗口，选择放坡标准集为：相对高程 - 坡度，按 按钮进行放坡，依次按提示进行输入。在提示输入坡率时，默认为之前设置好的“垂直”坡率，直接回车即可完成垂直放坡。

（7）图 205 所示的最后一段放坡目标为原始地形曲面，选择放坡目标为：曲面 - 挖填坡度，具体步骤可参考之前的叙述，此处不再重复。

34. 如何调整场地的排水坡度？

Civil 3D 的场地是由闭合的要素线通过放坡产生，通过调整要素线的测站（顶点）的高程，可调整场地的排水坡度，以下是修改要素线测点高程的方法：

（1）选择要素线，选择功能区关联选项卡：要素线 > 高程编辑器，见图 211。

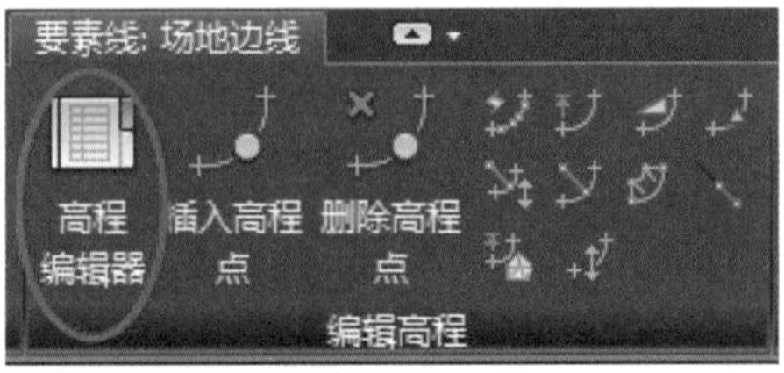

图 211　功能区“要素线”关联选项卡的高程编辑器

（2）放坡高程编辑器窗口打开，见图 212。

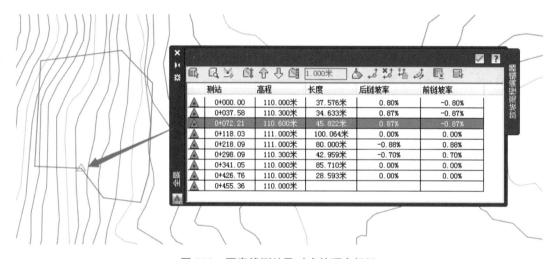

图 212　放坡高程编辑器窗口

（3）可根据需要调整相应的测站的高程，如图 213 所示，如果选中"0+072.21"测站，对应此测站的要素线顶点会出现绿色的三角形标记，以便于识别。

图 213　要素线测站及对应的顶点标记

（4）如需整体提升或降低场地高程，可选择图 212 所示窗口顶部的相应按钮进行调整。

35. 如何计算填挖方量?

填挖方量是两个相交的曲面的差值，以图 188 的场地放坡为例，当完成了放坡后，在放坡组为该放坡创建曲面（如果该放坡曲面已存在则以下步骤可忽略），步骤如下：

（1）选择该场地放坡，选择功能区关联选项卡：放坡 > 放坡组特性，见图 214。

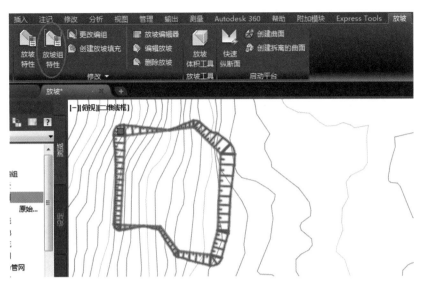

图 214　放坡组特性

（2）放坡组特性窗口打开，勾选"自动创建曲面"，创建曲面窗口打开，指定一个曲面名称，例如：场地平整，按"确定"返回放坡组特性窗口，勾选"体积基准曲面"，选择原始地形曲面作为填挖方量的基准曲面，按"确定"完成，见图215。

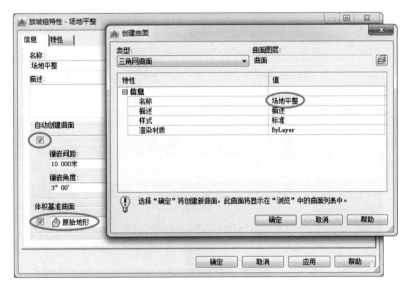

图 215　放坡组特性和创建曲面窗口

（3）选择功能区关联选项卡：放坡 > 放坡体积工具，见图216。

（4）放坡体积工具窗口打开，勾选"整个编组"，即可显示挖方和填方量以及净值，见图217。

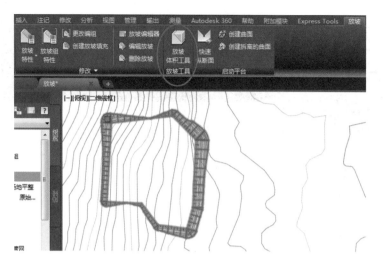

图 216　放坡体积工具命令

图 217　放坡体积工具窗口

也可以使用体积曲面进行土方量计算，方法如下：

（1）选择功能区：分析 > 体积面板，打开"体积面板"（图 218）。

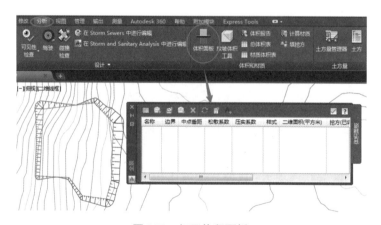

图 218　打开体积面板

（2）按 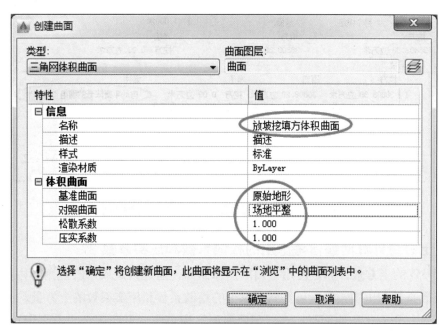 按钮，打开"创建曲面"窗口，见图219，指定体积曲面名称，例如：放坡挖填方体积曲面，在基准曲面栏选择"原始地形"曲面作为基准曲面，在对照曲面栏选择"场地放坡"曲面作为对照曲面，还可根据实际情况输入土质的松散系数和压实系数。

图 219　创建体积曲面窗口

（3）"确定"完成，返回"体积面板"，将出现土方计算结果，如图220所示。

图 220　土方量计算结果

36. 如何进行土方平衡？

以图217案例为例，该案例净值为填方，换而言之，需要从外运62919立方米的土才能完成该场地的平整。如果该场地标高没有限制，希望挖填方平衡，避免出现多余的土方外运弃土或者回填不够内运填土，可通过调整场地标高实现土方平衡。

Civil 3D提供了一键土方平衡功能，方法如下：

（1）在放坡体积工具窗口，按 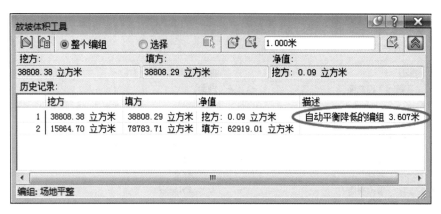按钮，弹出自动平衡体积窗口，如果希望挖方量等于填方量，在所需体积栏输入 0 立方米，"确定"完成；

（2）程序自动计算后得出场地标高降低 3.607 米后，挖填方量就相等，见图 221。

图 221　土方平衡计算

37. 土方量计算时如何考虑土的松散系数和压实系数？

Civil 3D 的土方量计算是使用三角网体积曲面，通过设定或修改三角网体积曲面特性中的松散系数和压实系数，可得到考虑土的松散系数和压实系数的土方量。

在创建三角网体积曲面时，在"创建曲面"窗口中（见图 221 土方平衡计算），分别输入土的松散系数和压实系数。

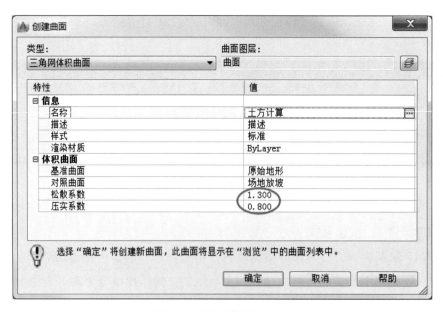

图 222　"创建曲面"窗口

通过查看该曲面的特性窗口，在"统计信息"选项卡上可看到"（未改正的）"体积为未进行系数调整的体积，"（改正的）"体积为考虑了系数调整的结果，如图223所示。

图 223   三角网体积曲面特性窗口统计信息

第三章 Revit

碰到 Revit 实操方面的问题，请同时查看"BIM 技术实战技巧丛书"第一册《Revit 与 Navisworks 实用疑难 200 问》和本章。

38. 通过链接方式合并在一起的 Revit 模型，如何一次性将主文件及链接文件全部导出成 Navisworks 文件？

当我们有多个 Revit 文件时（例如，Revit 按专业划分为多个 RVT 文件，或者大项目中按楼层、功能等划分的多个 RVT 文件等）要转换到 Navisworks 时，我们通常有两种方式导出 NWC：

方法一：按单个 Revit 文件导出 NWC 文件，然后在 Navisworks 中去合并。这种情况一般在前期 Revit 模型不确定，后期可能存在多次修改时使用。步骤如下：

（1）选择功能区：附加模块 > 外部工具 >Navisworks，如图 224 所示。

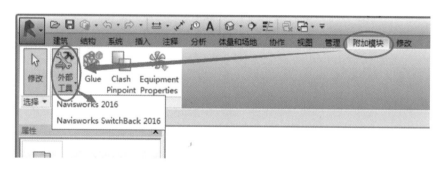

图 224 导出 Navisworks 命令

（2）"导出场景为…"窗口打开，选择路径（尽量将该项目所有 NWC 放进一个文件夹中），点击保存，如图 225 所示。

方法二：把 Revit 文件全部链接在一起，然后一次性全部导出 NWC 文件。一般在后期 RVT 文件基本定型，不需要做过多修改时使用，一次性全部导出 NWC 可以降低 NWC 文件的个数，方便文件管理。步骤如下：

（1）先在 Revit 中链接好各个 RVT 文件；

（2）选择功能区：附加模块 > 外部工具 >Navisworks，如图 224 所示。

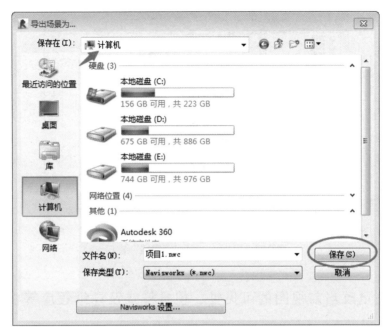

图 225 "导出场景为…"窗口

(3)"导出场景为…"窗口打开（图 226），点击"Navisworks 设置"。

(4)"Navisworks 编辑器"窗口打开，勾选"转换链接文件"，如图 227 所示。

图 226 "导出场景为…"窗口

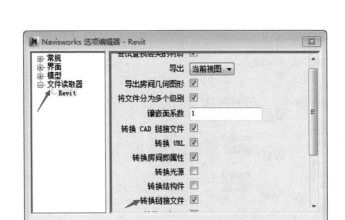

图 227 "Navisworks 编辑器"窗口

39. 无法更改当前视图的可见性、视觉样式及详细程度等视图属性时，该如何处理？

Revit 建模工作中，时常会遇到视图的可见性、视觉样式及详细程度等视图属性为灰色，无法更改其内容。这是因为样板文件中为了出图方便，统一调整了视图属性，统一选择应用一个视图样板，锁定了视图的可见性、视觉样式及详细程度等视图属性。

如果我们需要修改这些锁定的视图可见性、视觉样式及详细程度等视图属性。我们可以选择视图样板为无。如图 228 所示。

也可以选择该视图样板，并编辑该视图样板，把需要改动的选项取消选择"包含"，如图 229 所示。

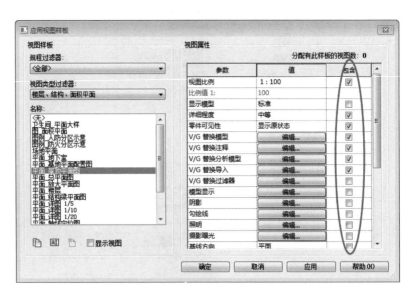

图 228 视图属性　　　　　　　　　　图 229 应用视图样板窗口

40.巧用浏览器组织功能

在工作中，我们经常会打开不同的项目样板文件，会发现项目浏览器有很多不同，比如基于建筑样板的项目浏览器（图230），基于结构样板的项目浏览器（图231）。

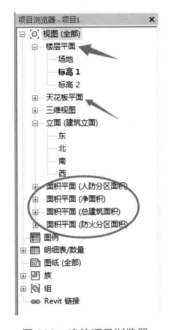

图230　建筑项目浏览器

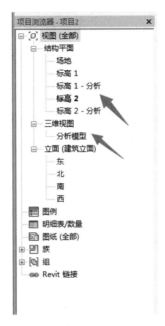

图231　结构项目浏览器

注："项目浏览器"用于显示当前项目中所有视图、明细表、图纸、组和其他部分的逻辑层次。展开和折叠各分支时，将显示下一层项目。

以上为Revit自带样板文件的项目浏览器，在工作中很难管理大项目，特别是视图较多、专业较多、图纸较多等情况，这时候我们需要自己建立项目浏览器，以方便对项目视图进行管理，让项目视图做到一目了然。

根据项目的特点，可以对项目浏览器进行合理编辑，更好地管理项目。具体方法如下：

（1）右键点击视图，选择浏览器组织现在鼠标右键点击浏览器视图，点击"浏览器组织"（图232）。

（2）进入浏览器组织界面，选择符合项目的浏览器组织。如没有符合项目的浏览器组织，请根据项目需求新建或编辑浏览器组织。编辑和新建的具体方法近似，我们以新建为例为读者具体讲解如何进行操作。

图232　项目浏览器

（3）点击"视图" > "点击新建"，输入名称，例如：测试（图 233）。

图 233　创建新的视图项目浏览器

（4）点"确定"，打开浏览器组织属性窗口（图 234），选择"过滤"选项卡 > "过滤条件"，如果要显示与"标高 1"关联的项目视图，可以选择"相关标高"、"等于"、"标高 1"创建过滤器达到此目的。当然也可以根据需求添加两个或者更多过滤器。

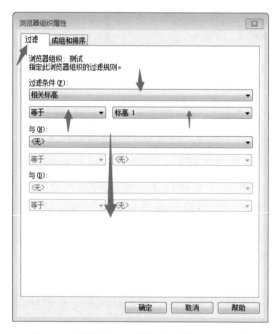

图 234　浏览器组织属性窗口的过滤选项卡

（5）切换到"成组和排序"选项卡（图 235），选择"成组条件"为"相关标高"，"否则按"选择"图纸名称"并使用"前导字符"，"排序方式"选择"视图名称"和"升序"，按"确定"完成。

图235 浏览器组织属性窗口的成组和排序选项卡

以上为项目浏览器"视图"组织方法。下面我们以"图纸"作为为项目浏览器的组织方法，创建新的项目浏览器组织：

（1）在"浏览器组织"窗口，切换到"图纸"选项卡；

（2）点击"新建"，输入名称，例如：测试（图236）；

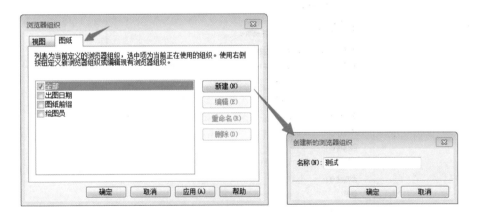

图236 创建新的图纸项目浏览器

（3）点"确定"，打开浏览器组织属性窗口（图237），选择"过滤"选项卡，如果要显示与比例1：100关联的项目视图，可以按"比例"、"等于"、"1：100"。当然，也可以根据需求添加两个或者更多过滤器。

图 237 浏览器组织属性窗口的过滤选项卡

（4）切换到"成组和排序"选项卡（图 238），选择"成组条件"为"图纸发布日期"，"否则按""图纸名称"，"排序方式"选择"升序"，"确定"完成。

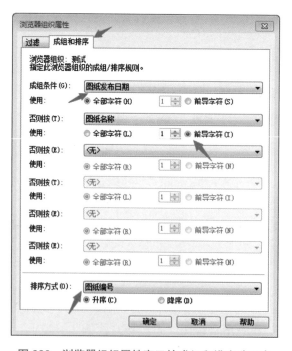

图 238 浏览器组织属性窗口的成组和排序选项卡

41. 在 Revit 中导入的 CAD 文件无法显示或无法导入时，该怎么办?

在之前出版的《Revit 与 Navisworks 实用疑难 200 问》第 47 问已经介绍过地形图因 X 或 Y 坐标值超出 Revit 的数值范围，需要移动图形到坐标原点的解决方法。此处介绍的问题情况略有不同。当导入 CAD 出现提示范围超出（图 239）这种情况的解决方法，一般是打开 CAD 看 CAD 的很远距离处是否有隐藏无用的线、点、模块等

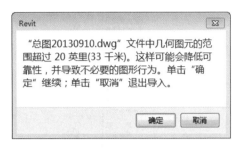

图 239 Revit 数值范围超出警告

删除，同时转换到轴测图显示方式，检查 CAD 图形是否有图形对象 Z 值太高或厚度太大，超出了 Revit 的限制。对于这种情况，把这些有高度的线、点、块的属性中的 Z 轴高度或厚度改为 0 即可。

此外，导入的 CAD 图很多文字或者线条不可见，如图 240 所示。

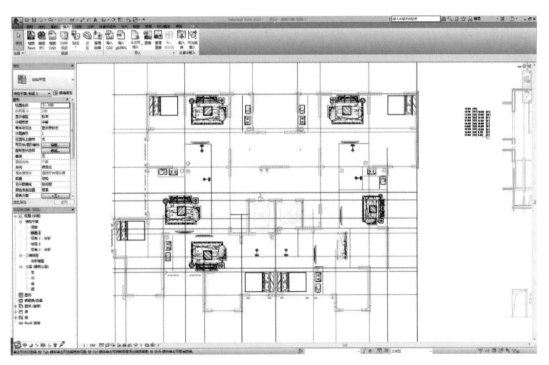

图 240 导入的 CAD 图出现丢失

这种情况一般是因为 CAD 为天正绘图软件绘制的非 T3 格式的图元导致，只需要保存文件时，用天正软件的保存命令 TSAVEAS 保存文件，把保存类型改为 T3 格式即可，如图 241 所示。

图 241　天正软件的文件保存窗口

注：如果没有天正建筑或水暖电软件，也可下载免费的天正插件 TPlugIn，该插件可在没有安装天正建筑或水暖电软件的情况下，可正常显示天正软件创建的自定义对象，并提供 TExplode（分解对象）和 TSaveAs（图形导出）命令。

42. 按标高复制模型后，为什么会出现模型标高错乱的情况？

在建立标准层时，通常是把标准层复制进剪贴板，在粘贴板处复制到与标高对齐（图 242）。

但是在复制过程，可能会遇到如下所述的问题：

（1）出现如图 243 右下方的提示：高亮显示的墙重叠。Revit 查找房间边界时，其中一面墙可能会被忽略。使用"剪切几何图形"将一面墙嵌入另一面墙。出现这种情况是因为原来的楼层高度与复制到的楼层高度，两个层高不一致导致的，解决的办法是复制上去后，改变墙的底部标高即可解决。

图 242　模型复制粘贴

（2）在复制带墙和与墙有关联的构件时，经常会复制到另外一层去。这种情况主要是因为在建筑样板中，墙以底部标高为参照，在结构样板中，墙以顶部标高为参照。所以，在复制时应注意选择相应标高。

（3）在复制某些锁定到参照平面或者构件的构件时，无法让该构件到达该标高。例如复制以"标高1"的楼板为主体的栏杆到"标高3"时，该栏杆不会到"标高3"。这时需要检查复制的模型是否锁定在某些参照平面。

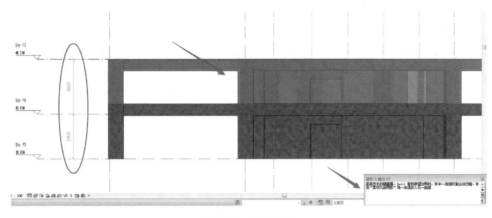

图243 楼层复制

43. 栏杆的材质在哪里设定？

要编辑扶手栏杆的材质，可在栏杆扶手的属性类型中（图244）的"扶栏结构"栏，按"编辑"按钮进入编辑扶手窗口，如图245所示。

图244 扶手栏杆属性窗口

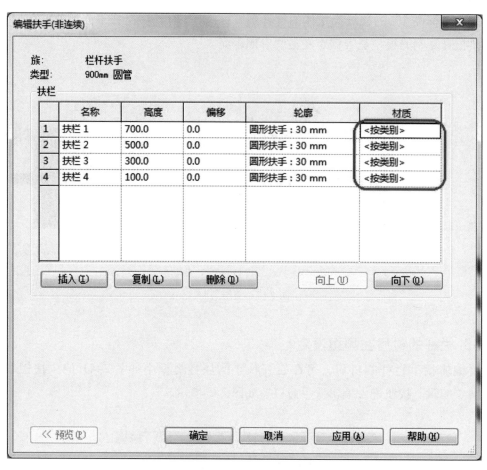

图 245　编辑扶手窗口

　　在栏杆扶手的属性里面,默认材质为"按类别",通过修改材质可以编辑扶手中间的栏杆材质,但却没有修改顶部栏杆材质地方,结果如图 246 所示。

　　所以,通过栏杆扶手属性是无法修改顶部栏杆的材质,需要打开项目浏览器 > 族 > 栏杆扶手 > 顶部栏杆类型,双击相应的扶手类型,例如本例为"圆形 -40mm"(从图 244 扶手栏杆属性窗口的顶部栏杆类型栏可查到),打开类型属性窗口,在"材质"栏设定栏杆材质,如图 247 所示。

　　扶手栏杆材质修改后的效果如图 248 所示。

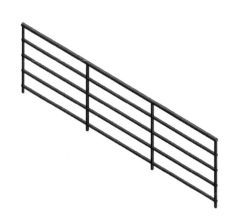

图 246　扶手中部栏杆材质修改

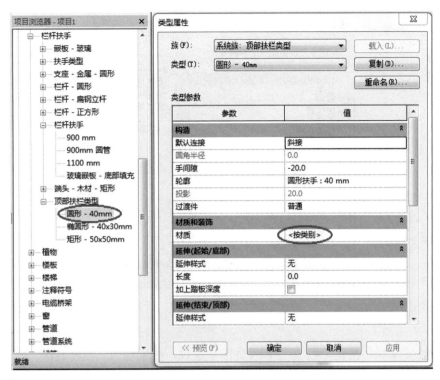

图 247　顶部栏杆材质编辑

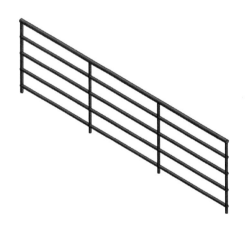

图 248　顶部栏杆修改后的效果

44. 项目参数和共享参数的区别?

有时, 我们需要自定义一些参数来补充 Revit 自身没有的参数。例如, 某个设备需要增加一些参数信息 (例如: 设备名称、型号规格、安装日期等), 在 Revit 中的自带属性中没有这些参数, 我们可以在项目中添加这些自定义参数。方法如下:

(1) 选择功能区: "管理 > 项目参数", 打开"项目参数"窗口 (图 249)。

图 249　项目参数窗口

（2）按"添加"按钮，打开"参数属性"窗口，分别输入：参数名称、规程、参数类型和参数分组方式等。至于是勾选"类型参数"还是"实例参数"，则要根据需求选择，例如本例的设备因安装日期不同，所以选择"实例参数"。特别注意的是必须在窗口的右侧的模型类别中勾选该设备的类别，例如"机械设备"，如图 250 所示。

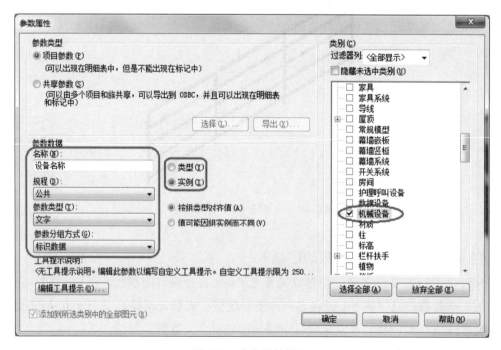

图 250　参数属性窗口

逐一完成多个参数的创建。

（3）这样就可在设备的实例属性中输入自定义的参数，如图251所示。

图251 立管编号实例参数

由于"项目参数"是存在于本项目，如果其他项目文件也需要同样的参数时，可通过"传递项目标准"的功能把本项目创建的项目参数传递到其他项目文字中。

需要注意的是项目参数无法使用"标记"功能，也就是说，如果想把项目参数在图形中标记出来是不可能的。通常情况下，"项目参数"只用于不作图纸标记的属性信息。对于要进行标记的模型，就不能使用"项目参数"而应使用Revit自带的属性，例如"标记"参数。但是，如果Revit自带的参数不够用时，我们就需要使用以下介绍的"共享参数"。

共享参数是可以添加到族中的参数定义中。共享参数定义保存在外部文件中，这样可以从其他族或项目中访问此文件。共享参数是一个信息容器，其中的信息可用于多个族。

使用共享参数在一个族或项目中定义的"信息"不会自动应用到使用相同共享参数的其他族或项目中，需要手工进行关联。如前所述，参数中的信息若要使用在标记中，它必须是共享参数。在要创建一个显示各种族类别的明细表时，共享参数也很有用；如果没有共享参数，则无法执行此操作。如果创建了共享参数并将其添加到所需的族类别中，则随后可以使用这些族类别创建多类别明细表。

创建共享参数的方法如下：

（1）选择功能区："管理 > 共享参数"，在"编辑共享参数"窗口，按"创建"按钮，创建"共享参数文件"，指定存放共享参数文件的文件夹和文件名，如图252所示。

（2）按"保存"返回"编辑共享参数"窗口：

1）创建参数组：按"组"的"新建"按钮，输入参数组名称，例如：设备参数，如图253所示；

图252 创建共享参数文件

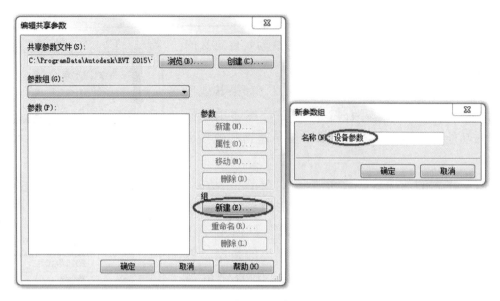

图 253　创建共享参数组

2）创建参数：按"参数"的"新建"按钮，输入参数名称，例如：设备名称，选择相应的"规程"和"参数类型"，如图 254 所示，逐一完成多个参数的创建。

图 254　创建共享参数

要把共享参数添加到设备族上，需要以下方法：

（1）对族进行编辑，进入族编辑器。

（2）选择功能区：创建 > 族类型 ，打开"族类型"窗口（图 255）。

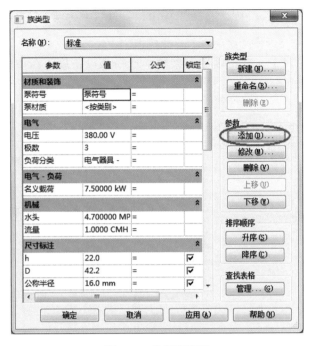

图 255　族类型窗口

（3）按参数"添加"按钮，打开"参数属性"窗口（图 256）。

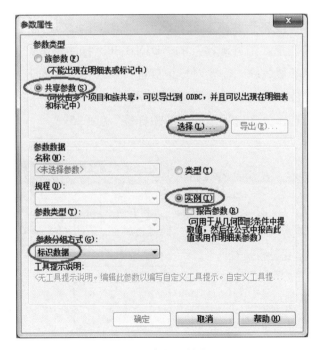

图 256　参数属性窗口

（4）勾选"共享参数"，按"选择"按钮，打开"共享参数"窗口（图257），逐一选择之前创建的参数。

（5）把族载入项目中，并覆盖原有参数，选择该设备族，在属性窗口（图258）就可以输入自定义的共享参数。

图 257　选择共享参数

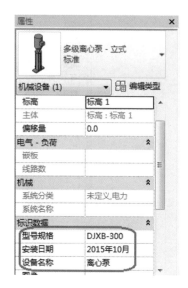

图 258　属性窗口中的设备参数

要把该族的"型号规格"共享参数在图形中标注出来，使用"按类别标记"功能，标记完成后此时并没能把"型号规格"的"DJXB-30"标注出来，这是因为"按类别标记"族还没有与共享参数关联，需要对标记族进行修改，方法如下：

（1）选择该标记族，进入族编辑器进行编辑。

（2）选中标签，选择关联选项卡的"编辑标签"（图259）。

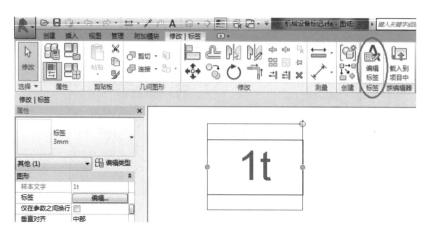

图 259　在族编辑器编辑标签

（3）"编辑标签"窗口打开（图260），此时左侧类别参数列表里是没有我们要的共享参数，需要按新建按钮 ，打开"参数属性"窗口（图261）。

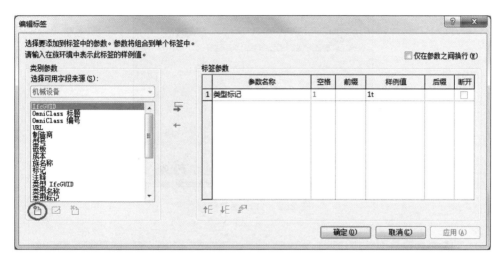

图260　编辑标签窗口

图261　参数属性窗口

（4）按"选择"按钮，打开"共享参数"窗口（图262），选择要使用的共享参数，例如：型号规格。

（5）完成后返回"编辑标签"窗口（图263），此刻"类别参数"列表就出现了"型号规格"这个共享参数供使用，将其添加到右侧"标签参数"中，并把原来无用的参数移回左侧"类别参数"列表。

（6）按"确定"完成，把族载入项目中，这样族的标记就出现我们需要的"型号规格"值：DJXB-300，见图264。

图 262　共享参数窗口

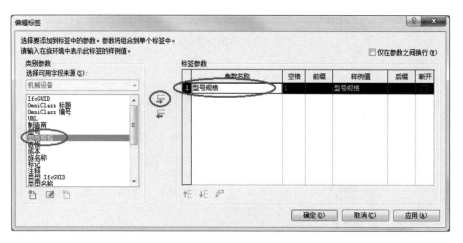

图 263　编辑标签窗口

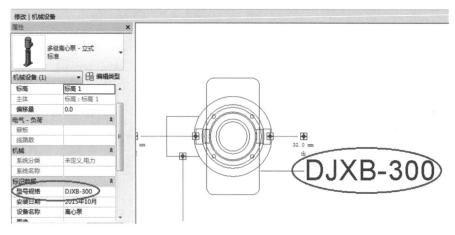

图 264　标记共享参数

45. 巧用 Tab 键

Tab 键是经常会用到的快捷键，以下是 Tab 键的主要用法。

（1）当两个构件重合在一起的时候，使用 Tab 键可切换选择对象。例如，梁和楼板在一起时，可用 Tab 键切换，如图 265 所示。

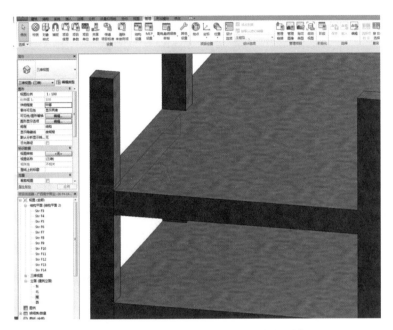

图 265　梁和楼板重合时的 Tab 键切换选择

（2）在做 MEP 时，Tab 键可选择鼠标停留管道所在系统的所有管道管件，如图 266 所示。

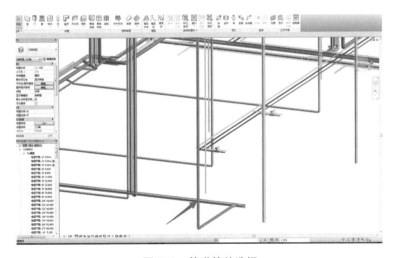

图 266　管道管件选择

（3）采用拾取线建模型时，Tab 可选择 CAD 中连贯线或 Revit 中连贯的构件。例如，做楼板时，拾取连贯的墙体，如图 267 所示。

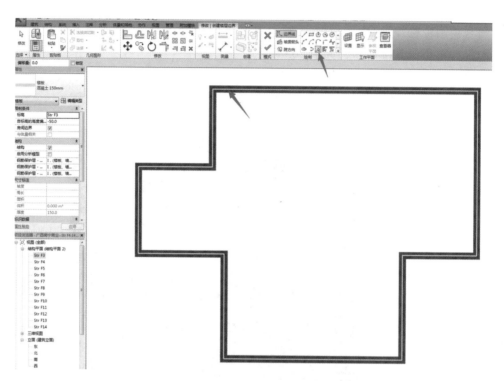

图 267　拾取连贯的墙体

46. 如何准确地将设备族和管线的接口高度对齐？

在做 MEP 时，我们往往要在管道中添加设备，但是我们在添加的过程中经常不能让设备连接到我们预想的标高。如果设备中的连接点和我们的管线为水平时，那么我们只需在平面上直接连接到管线即可；如果设备中的连接点不与管线水平，则需要先调整标高再连接管线。如果创建的设备无法自动连接到管线，则先创建好设备然后使用对齐命令，对齐到管线的接口，然后拖动管线连接到设备的连接点。

47. 为什么立面视图中无法显示模型立面？

有时候会出现在立面无法看到应该能看到的构件的情况，或者在视图属性中直接没有立面视图。遇到这种情况我们应检查如下几个方面：

（1）如果在立面无法看到应该能看到的构件，则可能是构件在立面符号外。这时，可以打开平面，在平面上检查构件是否处在立面符号黑色箭头一侧，如图 268 所示的西立面看不到左侧的墙体。如果不在，我们就移动立面符号，让黑色箭头面对那些构件。

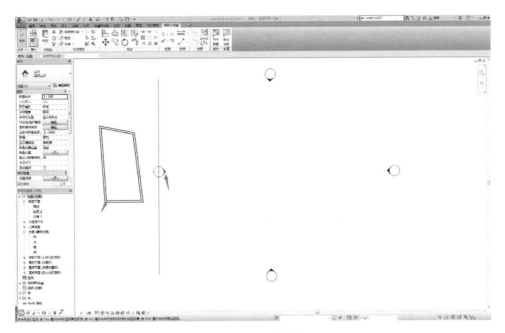

图 268　立面符号

（2）如果在视图属性中没有立面视图，则应该打开平面视图查看立面符号是否被删除。如果被删除，则需要重新创建立面符合。选择功能区："视图 > 立面"，让黑色箭头面向构件，如图 269 所示。

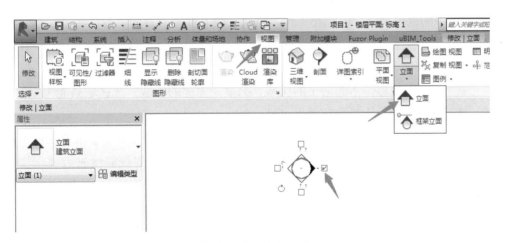

图 269　创建立面符号

（3）如果排除了（1）和（2）的情况，立面还是不可见，可点击视图属性的打开立面视图的"可见性 / 图形替换"编辑按钮，打开"可见性 / 图形替换"窗口，勾选要显示的模型类别（图 270）。

图 270　可见性 / 图形替换窗口

48. 如何巧用平面视图的显示范围?

(1) 当模型范围比较大,而我们只需要在项目的某一部分范围工作时,可以使用平面视图属性中的范围功能,以缩小工作范围实现提高性能的目的。方法如下:

在平面视图属性中找到"范围"处,勾选"裁剪视图"、"裁剪区域可见"、"注释裁剪",如图 271 所示。其中:

1) 裁剪视图:裁剪掉不想看见的区域,只显示需要的区域。此区域只能为矩形。

2) 裁剪区域可见:让裁剪范围框可见。

3) 注释裁剪:注释裁剪区域总是在视图裁剪区域以外,主要用于裁剪视图中的注释内容,例如:符号、标记、注释记号和尺寸标注等。但模型裁剪优先级高于注释裁剪,例如模型裁剪已裁剪视图中的门,则门的标记也不可见,即使将门标记放置在注释裁剪内部亦如此。

(2) 有时,我们在平面视图中会看不到相应标高的构件,或者看到了不想看到的标高中的构件。那么,我们可以根据修改视图属性中的视图范围修改视图深度和高度。操作方法如下:

1) 在平面视图属性中找到"范围"处,按"视图范围"的"编辑"按钮,打开"视图范围"窗口(图 272);

2) 调整"顶"的"剖切面"和"底""视图深度"的偏移量。

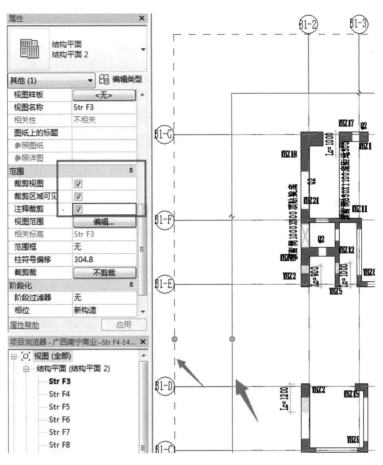

图 271　平面视图范围控制

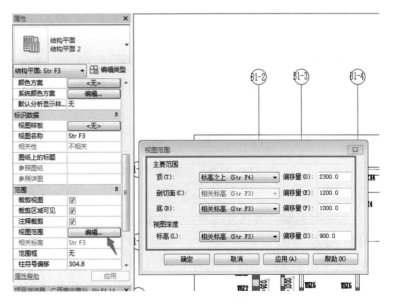

图 272　调整视图范围

视图范围是控制模型对象在视图中的可见性。"剖切面"是当前视图剖切的位置。"顶"和"底"可以定义视图的范围。视图深度是主要范围之外的附加平面。更改视图深度，以显示底裁剪平面下的图元。

49. 在视图中导致模型构件不可见的几种情况

（1）"可见性/图形替换"中未显示模型构件。解决方法为打开视图"可见性/图形替换"选择全部构件可见（图 273）。

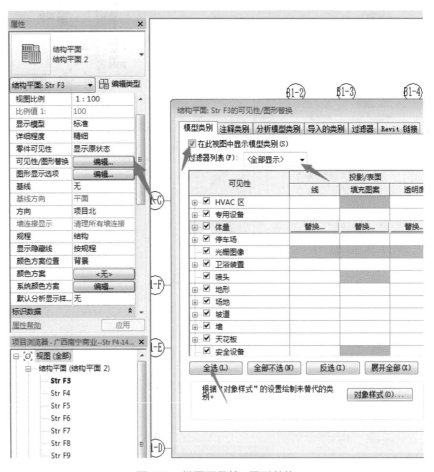

图 273　视图可见性/图形替换

（2）模型构件被临时隐藏，解决方法为：点击视图控制栏的"临时隐藏/隔离"，选择"重设临时隐藏/隔离"（图 274）。

（3）模型构件被强制隐藏，解决方法为：点击视图控制栏的"显示隐藏图元"，选择隐藏图元，选择关联选项卡的"取消隐藏图元"按钮，然后按"切换显示隐藏图元模式"完成操作（图 275）。

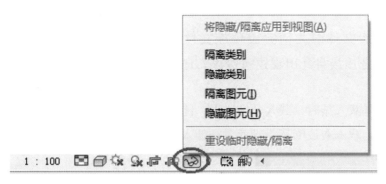

图 274 临时隐藏 / 隔离

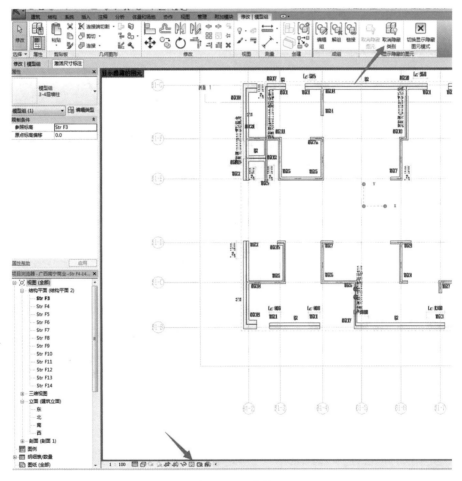

图 275 显示隐藏的图元

（4）在平面或者剖面、立面视图中构件未显示时，需检查构件是否处于视图范围以外。

（5）模型详细程度在"中等"或"粗略"时，有些构件会不可见，选择详细程度为精细。

50. 载入族文件时为何会出现族文件无法载入的情况？

（1）可能是该族自身出现逻辑错误。仔细检查族可能存在的错误，修改错误的地方。

（2）可能是载入族时，载入类别错误。比如载入门时，载入窗的族。

解决方法，载入对应的族类别或者在插入选项卡中载入族（此处载入族不受族类别限制）（图 276）。

图 276　插入族

51. 多类别标记是什么意思？

用于根据共享参数，将标记附着到多种类别的图元。例如，当你需要标注墙、柱的型号时，你可以先建立一个"型号"的多类别标记族，然后选中需要标注的墙、柱，或者只显示墙、梁构件，使用全部标记选择多类别标记族"型号"。多类别标记和按类别标记最大的区别就是多类别标记可以同时标记不同类别的构件，而按类别标记只能标记该类别的构件。具体操作如下：

（1）创建多类别标记族（选择"公制多类别标记"族样板）（图277）。

图277 新建注释符号

（2）单击"创建"选项卡 >"文字"面板 > 📋 （标记）并单击绘图区，打开"编辑标签对话框"添加你需要标记的参数（包括共享参数）（图278）。

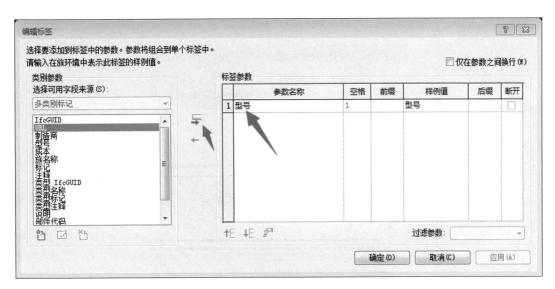

图278 编辑标签窗口

（3）载入多类别参数"型号"。在注释选项卡选择"多类别标记" ，逐个标记你需要标记的构件。

（4）如需要标记大量不同类别构件，可隐藏不需要标记的构件，使用"全部标记" ，选择多类别标记族。一次性全部标记需要标记的所有构件（图279）。

图 279　选择多类别型号族

52. 按类别标记构件时为何显示问号？

出现这种情况是被标记的族构件没有标记类型数据。例如，标记族为标记梁的"型号"，而标记的梁的型号栏没有信息。解决方法：修改标记族中的标签，选择需要标记的标签（图 280），或者在梁的型号处填写相应的信息。

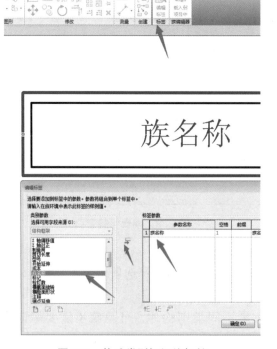

图 280　修改类别标记族标签

53. 如何进行连续复制?

当我们需要对某一图元进行连续不等距复制时,我们可以采用连续复制。例如,复制轴网,步骤如下:

(1)选择需要复制的轴线。

(2)点击"复制" 。

(3)勾选"多个"(当我们需要锁定 X 或者 Y 方向时选择"约束")。

(4)把鼠标光标放到较远处,连续输入需要复制的距离并点击确定,如图 281 所示。

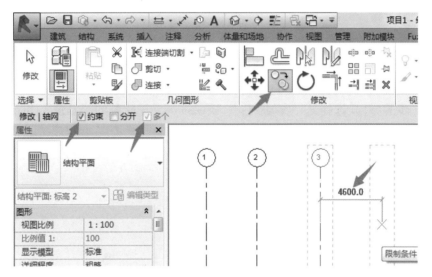

图 281　不等距连续复制

54. 如何进行径向阵列?

在建模的时候,我们经常需要对一些图元进行径向阵列(图 282)。

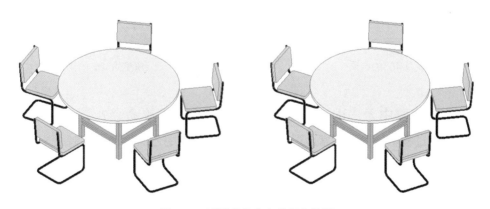

图 282　以圆桌为中心的径向阵列

具体操作如下：

（1）选择需要阵列构件。

（2）点击"阵列" ⬚⬚。

（3）选择"径向" ⟳。

（4）填写项目数（即阵列图元数）。

（5）选择"移动到:""第二个"或者"最后一个"。

（6）选择"选择中心:"的"地点"，在绘图区点选中心点位置。

（7）点击阵列起点和终点（旋转角度）。

如果勾选了"成组并关联"，在"角度"栏输入具体的角度值，可直接按"Enter"键，跳过剩余步骤。

旋转角度与选择"移动到:""第二个"或者"最后一个"有关系：

如果在步骤（5）选择了"移动到:""第二个"，此刻的"角度"为第二个图元与第一个图元之间的夹角（图283）；

如果在步骤（5）选择了"移动到:""最后一个"，此刻的"角度"为最后一个图元与第一个图元之间的夹角（图284）。

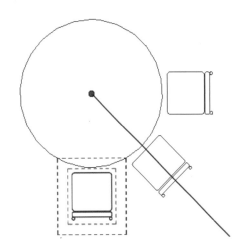

图283　第二个图元与第一个图元的
角度为 45° 的结果

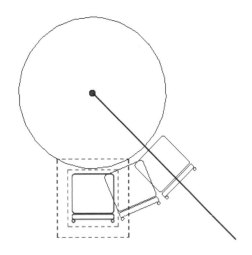

图284　最后一个图元与第一个图元的
角度为 45° 的结果

55. 为何立面中无法进行移动、复制、旋转等修改命令？

在工作的过程中，我们经常会遇到某些图元在立面中无法移动、复制、旋转等修改命令。

（1）例如，梁是无法直接在立面移动的（但是可以复制）。可以通过修改梁的 Z 轴来移动在立面的位置（图285）。

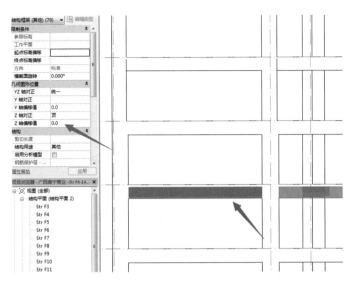

图 285 在立面视图中修改梁的 Z 轴偏移值

（2）基于平面的图元在立面是不能旋转的。

（3）锁定到平面或者参照平面的图元不能直接移动或者复制，需要解除约束（图286）。

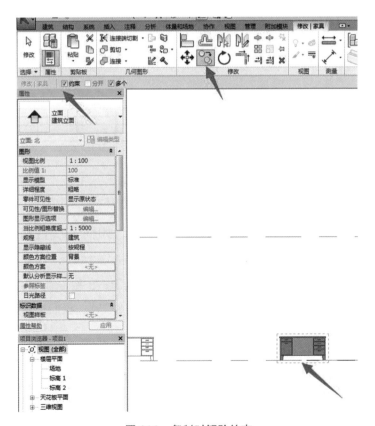

图 286 复制时解除约束

（4）以楼板、楼梯等为主体的栏杆即使取消约束，也不能在立面复制和移动。解决方法为：选择栏杆 > 点击"拾取新主体" > 鼠标在空白处点击下 > 选择复制 > 取消"约束"（图 287）。

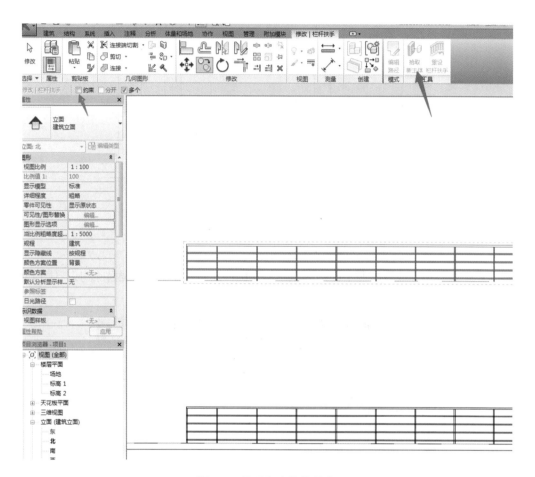

图 287　取消与主体的约束

56. 通过链接方式合并在一起的 Revit 模型，如何一次性将主文件及链接文件全部导出成 Navisworks 文件？

通常大型项目都是由多个 Revit 文件组成（例如：Revit 按专业划分为多个 RVT 文件，或者大项目中按楼层、功能等划分的多个 RVT 文件等）。我们通常有两种方式导出NWC：

（1）按单个 Revit 文件导出 NWC 文件，然后在 Navisworks 中去合并。这种情况一般在前期 Revit 模型不确定，后期可能存在多次修改时使用。

操作方法：点击附加模块、外部工具、Navisworks 2016，如图 288 所示选择路径（尽量将该项目所有 NWC 放进一个文件夹中），点击保存，如图 289 所示。

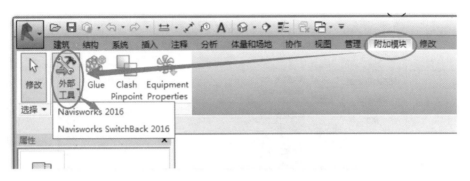

图 288　使用附加模块导出 Navisworks

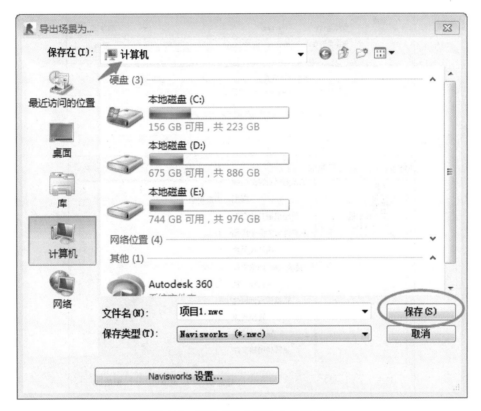

图 289　指定保存 NWC 文件的位置

（2）把 Revit 文件全部链接在一起，然后一次性全部导出 NWC 文件。一般在后期 RVT 文件基本定型，不需要做过多修改时使用，一次性全部导出 NWC 可以降低 NWC 文件的个数，方便文件管理。

操作方法：先在 Revit 中链接好 RVT 文件，然后直接导出整个 NWC 文件。

点击附加模块，选择导出 Navisworks，点击 Navisworks 设置，选择"转换链接文件"，如图 290、图 291 所示。

图 290　导出前设置 Navisworks

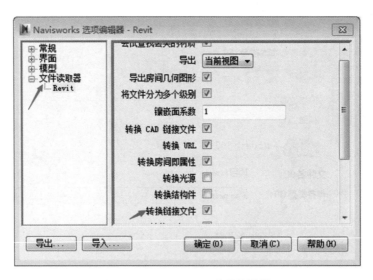

图 291　Navisworks 选项编辑器

57. 如何在一个面上任意设定连接件的位置？

连接件用来传递族和族主体之间的参数，连接件可以放置在实体面上或工作平面上。并将连接件参数关联到族内定义的参数。

附着到族的连接件，用于将族连接到风管、管道、电气和其他系统。

通常的情况下，可以使用下列方法放置连接件：

（1）放置在面上：此选项（边环已居中 =true）可保持其点位于边环的中心。在绝大多数情况下，这是放置连接件的首选方法。通常情况下，"放置在面上"选项用法简单，而且在绝大多数情况下都适用。

（2）放置在工作平面上：使用此选项，可将连接件放置在选定的平面上。在许多情况下，通过指定平面和使用尺寸标注将连接件约束到所需位置，可起到与"放置在面上"选项相同的作用。但是，这种方法通常要求有效地使用其他参数和限制条件。

58. 梁柱连接处为何会有一条缝？

在结构中梁柱连接点有一条缝为正常软件现象，通常默认尺寸为 12.7mm。这里牵涉一个"起点连接缩进""端点连接缩进"的概念。如框架 H 型钢梁与混凝土柱连接，如图 292 所示。

出现这"一条缝"的主要情况有：

（1）在结构中，若使用混凝土框架梁，则梁柱连接不会出现有一条缝隙，如图 293 所示。

图 292　框架结构

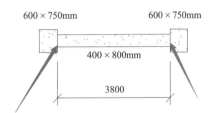

图 293　混凝土梁与混凝土柱框架结构

此时，选中"混凝土 - 矩形梁 400mm×800mm"，属性中"几何图形位置"中没有"起点连接缩进"和"端点连接缩进"，如图 294 所示。

（2）若使用钢结构梁与结构柱的时候，则会出现一条缝隙。若不需要缝隙，我们仅仅只需要将钢结构属性里面的"起点连接缩进"、"端点连接缩进"设置为"0"，如图 295 所示。

（3）若使用钢结构梁与钢结构梁垂直或者成一定角度连接的时候，会出现一条缝。若不需要缝隙，我们也只需要将钢结构属性里面的"起点连接缩进"、"端点连接缩进"设置为"0"，如图 296 所示。

若使用多段钢结构梁与钢结构梁水平连接的时候，相互之间会出现一条缝，如图 297 所示。

此时，出现的缝会在多段钢结构梁较长的构件上，将较长的钢结构中的"起点连接缩进"、"端点连接缩进"设置为"0"，如图 298 所示。

图 294　梁属性窗口

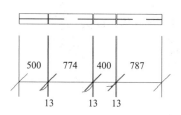

图 295　钢梁与混凝土柱框架结构

图 296　钢结构梁 T 形连接

图 297　钢结构梁水平连接

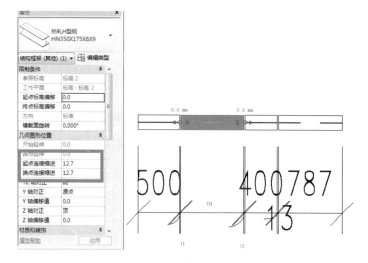

图 298　钢结构梁水平连接

（4）若使用混凝土梁与混凝土梁连接的时候，则不会出现一条缝，如图 299 所示。

（5）若使用钢结构梁与结构墙连接，也会有一条缝，而混凝土梁则不会产生一条缝。如图 300 所示。

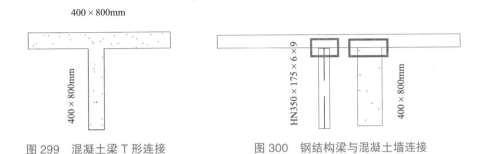

图 299　混凝土梁 T 形连接　　　　　图 300　钢结构梁与混凝土墙连接

59. 楼梯的"所需踢面数"与"实际踢面数"有什么区别？

在楼梯属性对话框中，楼梯的属性中的"尺寸标注"中有可编辑自定义黑显"所需踢面数"和无法编辑的灰显"实际踢面数"。如图 301 所示。

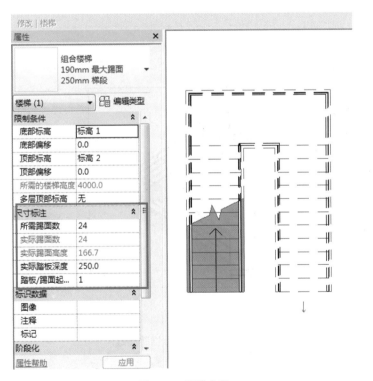

图 301　楼梯参数

"所需踢面数"的踢面数是基于标高间的高度计算得出的。如图 302 所示。

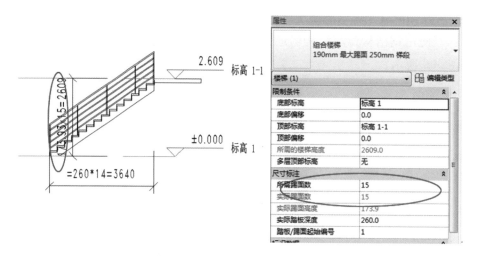

图 302 楼梯踢面

"实际踢面数"通常与"所需踢面数"相同。只要按照建筑的高度计算,输入正确的计算所需要踢面数,自动计算踢面实际高度。如图 303 所示。

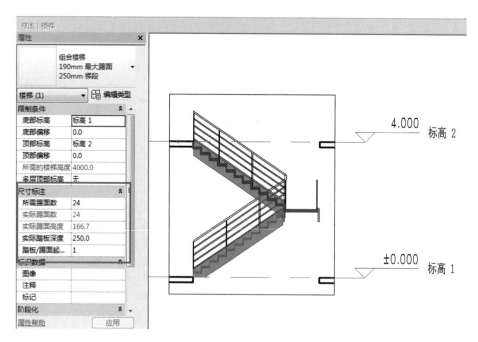

图 303 正确的楼梯踢面数

如果没有为给定楼梯的梯段完成添加正确的踢面数,可能会有所不同。例如,实际需要 24 个台阶,在建模楼梯的时候只输入了 23 个台阶,则会出现不同。且楼梯高度也无法达到"标高 2"。如图 304 所示。

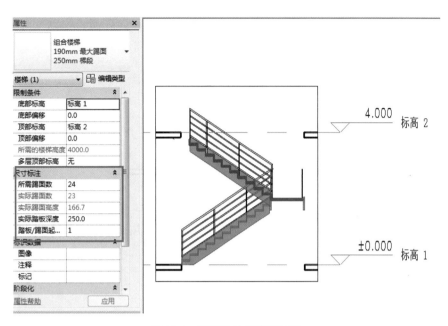

图 304   不正确的楼梯踢面数

当选中楼梯时候，楼梯选项卡中出现"显示相关警告"。其中，警告提示为楼梯顶端超过或者无法达到楼梯的顶部高程，如图 305 所示。

图 305   楼梯参数错误提示

60. 为何在框选构件时总是会将构件移动？

在 Revit 选择方式中，框选构建和 AutoCAD 的选择方式一样，从左至右绘制的窗口选择框具有实线边界，可以选中完全包含在窗口中的图元。如图 306 所示。

从右向左绘制的窗口选择框具有虚线边框，可以选中包含在窗口中以及与窗口边界交叉的图元。如图 307 所示。

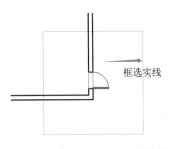

图 306　窗口（Window）选择

图 307　边界交叉（Cross）选择

避免选择移动的方法有：

（1）在采用框选选择（窗口选择）方式的时候，为避免框选（窗口选择）时候构件跟随移动，应该在框选（窗口选择）时，鼠标放置在空白处，然后再进行框选（窗口选择）。若将鼠标箭头放置在构件，构件会跟随移动。如图 308 所示。

（2）在采用框选选择（窗口选择）方式的时候，避免构件跟随移动，可以使用菜单栏中"修改"的"锁定"命令。当链接文件或者构件处于锁定的情况下，构件无法移动。如图 309 所示。

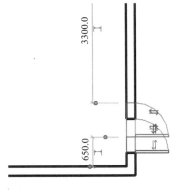

图 308　选择时构件移动

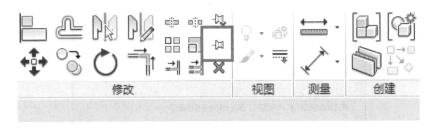

图 309　锁定命令

（3）在菜单栏"修改"中，展开"选择"下拉列表，如图 310 所示，勾选"选择时拖拽图元"。

当勾选"选择时拖拽图元"，则能出现选择时候构件跟随移动；当不勾选"选择时拖拽图元"，则不会跟随移动。

图 310　选择图元选项

61.Revit 中的视图比例是什么意思?

（1）在 Revit 中，模型都是按实际尺寸建模，例如现实中门的宽度是 900mm，在 Revit 里也按 900mm 建模，而视图比例则是用于控制视图中的注释内容与模型的关系。如图 311 所示，不同的视图比例，门的尺寸标注大小和墙体的线条粗细都自动做出相应的调整，以适应出图的要求。

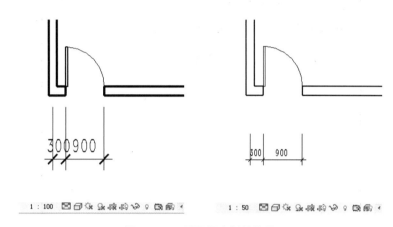

图 311　不同视图比例的结果

（2）在 Revit 中，每个平面、剖面、立面都可以指定不同的比例，也可以自定义创建视图比例。

指定视图比例：如图 312 所示。

创建自定义视图比例：在"自定义比率"里面输入比例值。如图 313 所示。

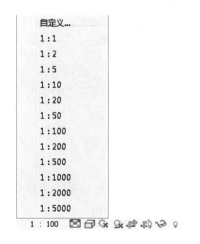

图 312　视图比例

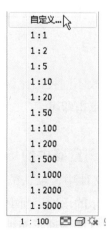

图 313　自定义比例

（3）视图比例与详细程度的关系：当需要表达为更精确的时候我们通常选择更大的比例，当我们需要表达粗略的时候，则需要使用较小的视图比例，如总图 1：500。在 Revit 中，这里将牵涉视图比例与详细程度的关系。

单击菜单"管理"选项卡，"设置"面板中的"其他设置"中下拉列表"详细程度"，则弹出视图比例与详细程度的对应关系。如图 314 所示。

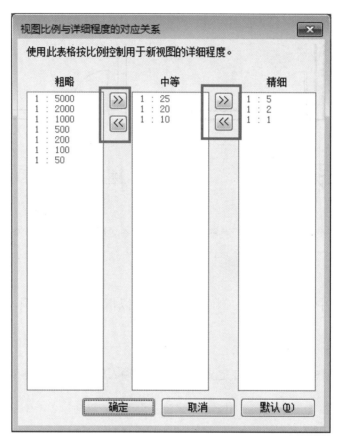

图 314　视图比例与详细程度的对应关系

若需要更改不同视图比例对应的详细程度"粗略""中等""精细"，只需要将上图中的箭头左右点击即可。

62. 项目浏览器中的场地平面对应的是哪个标高？

在 Revit 文件中，默认的项目浏览器中的场地平面是对应的 ±0.000 的相对标高。在如图 315 所示的场地平面中创建楼板，测量其高度为 0.000。

当系统默认的场地平面被删除后，如果要恢复场地平面。我们可以将"标高 1"楼层平面复制，然后重命名为"场地"。如图 316 所示。

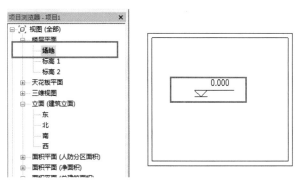

图 315　场地平面标高

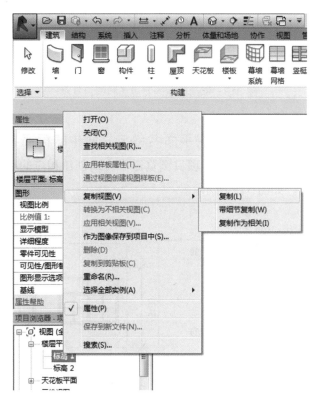

图 316　复制视图

场地平面有场地平面的重要的默认参数为"项目基点"和"测量点",默认的场地平面被删除后,项目基点和测量点也会消失。如图 317 所示。

当我们需要找回"项目基点"的时候,在视图控制栏上,单击 🔘 (显示隐藏的图元)。进入"显示隐藏的图元"界面,选中项目基点的符号,单击选项卡中的 🔳

项目基点符号

图 317　项目基点和测量点

"取消隐藏类别"。如图 318 所示。

图 318　取消隐藏的测量点和项目基点

63. 为何项目浏览器中的楼层平面名称与立面中的标高名称无法联动？

在项目立面创建一个标高以后，项目浏览器中自动创建相应的平面。平面关系与立面关系是相互联动的。如图 319 所示。

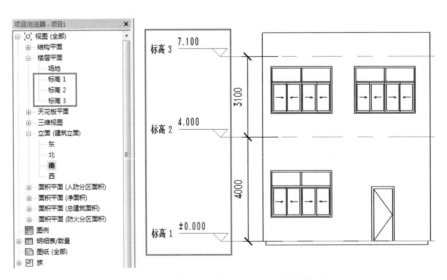

图 319　楼层平面名称与立面视图标高

修改立面标高高度的时候，平面视图的高度位置会相应的变化；当修改标高名称的时候，楼层平面当中的平面视图名称也会跟着变化。如图 320 所示。

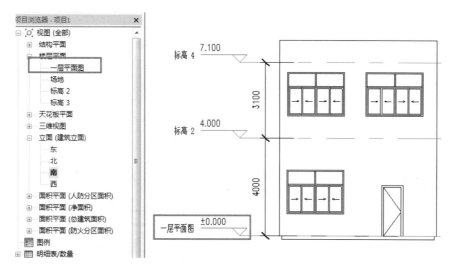

图 320　楼层平面名称与立面视图标高联动

　　当修改立面图中的标高名称时，弹出对话框"是否希望重命名相应视图？"。当选择"是 Y"的时候，则会使项目浏览器中的楼层平面与立面图中的标高名称联动；当选择"否 N"的时候，则无法使楼层平面与立面中的标高名称联动。如图 321 所示。

图 321　提示重命名视图提示

　　若选择"否 N"以后，又需要将标高与平面名称产生联动，则只需要将立面标高名称更改为与平面名称一致。更改一致以后，平面名称与立面标高则又会相互联动。

　　当然，根据相互联动的关系，更改楼层平面当中的平面名称，则立面视图中标高名称也会改变。如图 322 所示。

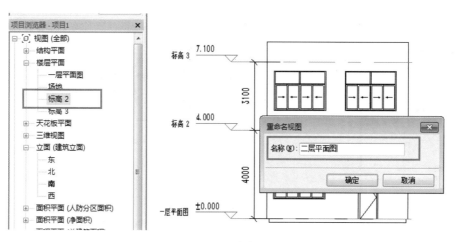

图 322　重命名视图

将图 322 "确定" 后，将弹出下图对话框 "是否希望重命名相应标高和视图"，如图 323 所示。

如果选择 "是（Y）"，将会把平面名称与标高名称统一。如图 324 所示。

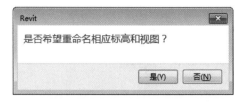

图 323　提示重命名相应标高和视图

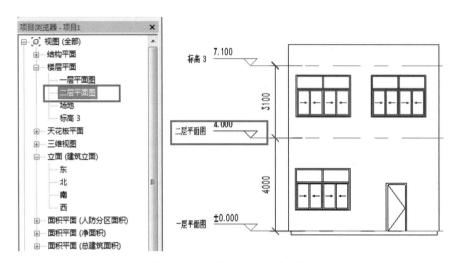

图 324　平面名称与标高名称统一

64. 为什么房间的颜色填充图例删除后仍有颜色填充效果？

（1）颜色填充在颜色方案中的概念

Revit 的颜色方案用于以图形方式表示空间类别。例如，可以按照房间的名称、面积、占用或者部门创建颜色方案。如图 325 所示。

图 325　颜色方案

我们可以用房间的"部门"来区分不同的颜色区间。如图326所示。

例如，图327将房间以"部门"划分，可以划分为公共区域、会议室、办公室区域。

图326 定义部门参数

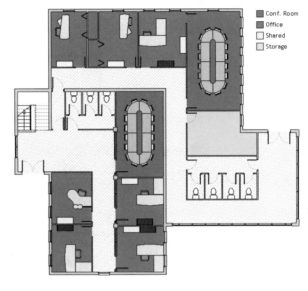

图327 按"部门"进行配色

我们可以用房间的"建筑面积"来区分不同的颜色区间，如图328所示。

例如图329将房间以"建筑面积"划分，分为不同面积的区间。

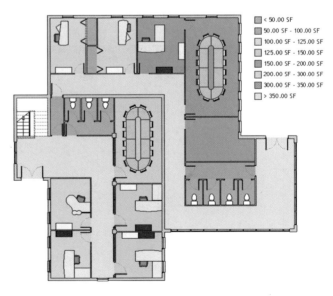

图328 "面积"属性

图329 按"面积"进行配色

（2）删除颜色填充图例

颜色填充图例可以放置在楼层平面中的任意位置。一个视图中可以放置多个颜色填充图例。如果不希望已应用的颜色方案的视图中显示颜色填充图例，则可以选中该图例并将其删除。如图 330 所示。

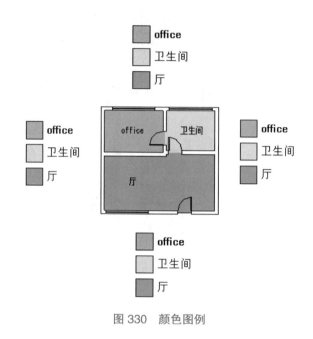

图 330　颜色图例

删除颜色图例无法删除颜色填充效果，颜色图例仅仅起到标注参考的作用。若要删除填充效果，需要在"编辑颜色方案"中，选择"无"。如图 331 所示。

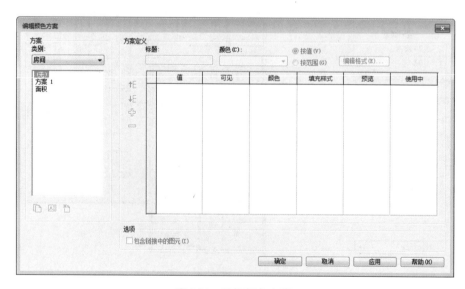

图 331　编辑颜色方案

65. 为什么管道系统的颜色填充图例没有效果？

系统颜色方案，即指定管道和风管的颜色方案。在项目的视图"属性"对话框中单击"系统颜色方案"，如图 332 所示。

图 332　视图属性颜色方案

弹出编辑颜色方案对话框，添加相应的方案。如图 333 所示。

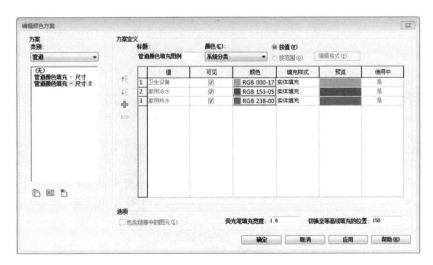

图 333　编辑颜色方案窗口

此时，在项目中的模型会出现如图 334 所示的颜色方案。

图 334　颜色方案图例

但是，在系统颜色方案编辑过程中，如果将"切换至等高线填充的位置"参数值设置为大于指定管径的时候，此时颜色方案将在项目中显示不出来。

如图 335 所示，四根管道管径为 50、150、200 和 250，将"切换至等高线填充的位置"设置为 200 时。

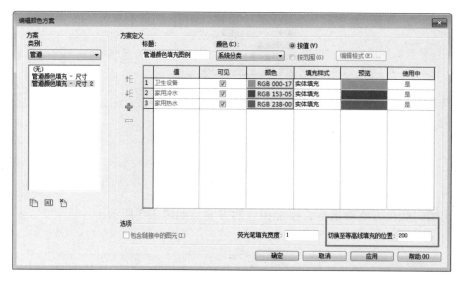

图 335　编辑颜色方案窗口

其他管径为小于 200 的 50、150、200 管径将无法显示填充图案，如图 336 所示。

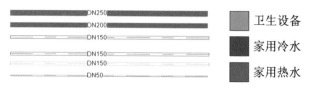

图 336　颜色方案图例

66. 为什么在 Navisworks 模型中，灯具的下面会有黄色球状物？

在 Revit 文件中创建照明设备灯饰，如图 337 所示。

当将 Revit 的模型导入 Navisworks 中。如图 338 所示。

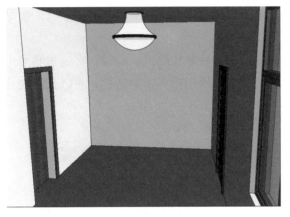

图 337　Revit 中的照明设备

图 338　Navisworks 中的照明设备

当单击 Autodesk rendering 菜单中的 ⊕ ，的有灯具的地方会显示一个黄色物体，此物体其实是表示为一个光源。如图 339 所示。

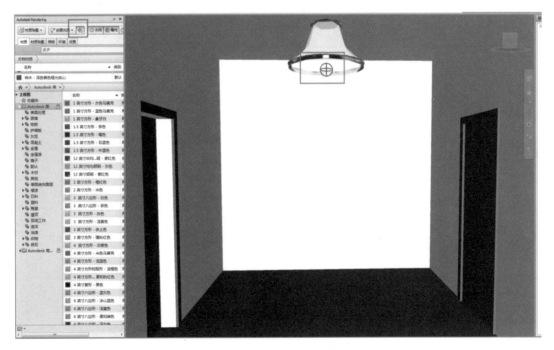

图 339　照明设备的光源

67. 为什么导入的 CAD 图纸尺寸比例不对？

当导入或者链接 CAD 图纸的时候牵涉 Revit 项目单位与导入 CAD 图纸单位的匹配问题。若单位不匹配，则会出现 CAD 图纸尺寸比例不对。

Revit 项目单位：

在 Revit 中，打开"管理"选项卡中，单击"项目单位"，弹出"项目单位"对话框。如图 340 所示。

在"项目单位"对话框中，能查看目前项目的各种单位格式。同时，在这里也可以设置项目所需要的单位。例如，单击"长度"参数，弹出图 341 对话框，可以设置长度参数的单位。通常设置为"毫米"。

图 340　项目单位对话框　　　　　　　图 341　单位格式

链接或导入 CAD 的"导入单位"：

在 Revit 文件中，有时我们需要链接或者导入 CAD 格式文件，此时将牵涉一个重要参数设置，就是"导入单位"。如图 342 所示。

图 342　导入 CAD 菜单

"导入单位"为导入的集合图形明确设置测量单位。该值为"自动检测"、"英尺"、"英寸"、"米"、"分米"、"厘米"、"毫米"这些单位，Revit 全部都支持。

在导入 CAD 的过程中，选择"导入 CAD"以后，在"导入单位"中勾选 CAD 图中对应的单位。当选择相应的"导入单位"，则导入 CAD 的图纸尺寸和原 CAD 图纸尺寸一致。通常选择为"毫米"。如图 343 所示。

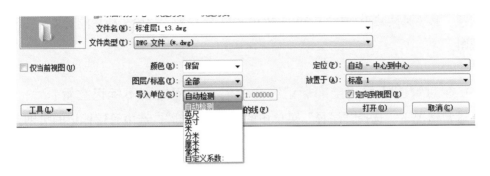

图 343　导入 CAD 文件时选择导入图形的单位

如果没有勾选相对应的"导入单位"，则就会出现 Revit 项目文件与 CAD 文件单位不一致，则就会出现图纸尺寸比例不对。

68. 为什么会有提示要求关闭当前视图？

出现这种情况通常为软件与显示硬件的匹配问题。

在点击 下拉栏中，点击"选项"，弹出"选项"对话框。在"图形"选项栏中尝试不勾选"使用硬件加速（Direct3D）"，如图 344 所示。

图 344　选项窗口

通常情况下建议勾选打开图形硬件加速，以提高图形显示的性能，但由于电脑显卡型号规格较多，Autodesk 也不可能对市面上所有显卡进行充分的测试，如果出现这样的问题，可以尝试关闭硬件加速。

也有可能是软件内部错误，或者操作软件错误。当 Revit 使用大量内存时，也会出现类似问题。必要时候减少加载的 DWG 数和 RVT 链接数，清除未使用的对象，关闭不必要的视图。

69. 在对管道使用"全部标记"命令时，如何做到不标记立管？

在通常情况下，选择"注释"菜单中的"标记全部"，选中管道标记的类别。如图 345 所示。

图 345 标记所有未标记的对象窗口

此时，Revit 将模型中的所有的管道进行标记。不仅仅包含水平管道，也包含了立管。如图 346 所示，左上角两个管道为立管。

其中左上角的两个立管的立面如图 347 所示。

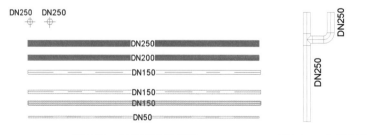

图 346 对模型进行标记   图 347 立管立面

图347立管立面其中较短的立管是管道分支，通常在平面上不需要进行标注，可以考虑在平面图中设置过滤器，将其中长度较短的管道进行隐藏。然后再在平面图中进行"标记全部"进行管道标记。如图过滤器以"长度"为过滤参数，将管道"长度"小于等于1500进行过滤。如图348所示。

图348　使用过滤器进行条件过滤

此时，在平面图中较短的立管不会标记。如图349所示。

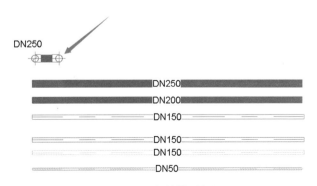

图349　更新的模型标记

70. 改变明细表的字体大小设置后为什么没有反应？

明细表是以表格的形式表示，这些信息是从项目构件属性中提取的。它能快速获得构建的参数、面积、楼层、体积等。对项目进行材料统计具有重要作用。如图 350 所示。

图 350　明细表

通过"明细表属性"中，我们可以设置明细表的"字段"、"过滤器"、排序 / 组成、格式、和外观。当我们需要修改字体的时候，则需要在"外观"中进行设置。如图 351 所示。

图 351　修改明细表字体大小

改变明细表字体有"标题文本"、"标题""正文"三种类别。如图 352 所示。

B_外墙明细表		标题正文
族与类型	面积（平方米）	体积（立方米）标题
基本墙: 常规 -300mm 灰色填充	87.24	26.17 正文
基本墙: 常规 -400mm 灰色填充	259.68	103.87
基本墙: 常规 -500mm 灰色填充	97.20	48.60
基本墙: 常规 - 50mm	17.40	0.87
基本墙: 常规 - 100mm	297.43	29.74
基本墙: 常规 - 200mm	5750.32	1148.11
基本墙: 常规 - 200mm 灰色填充	818.39	163.68
基本墙: 常规 - 300mm	9.00	2.70
基本墙: 常规 - 400mm	61.42	24.57
基本墙: 常规 - 800mm 灰色填充	134.12	107.29
基本墙: 常规 - 900mm 灰色填充	166.80	150.12
基本墙: 常规 - 1000mm 灰色填充	23.10	23.10
基本墙: 常规 - 1100mm 灰色填充	7.20	7.92
幕墙: 幕墙	1114.45	0.00
总计: 501	8843.75	1836.74

图 352　明细表字体类别

当更改"标题文本"的字体时，能够在明细表里面看到字体的变化。

当改变"标题"和"正文"字体的时候，在明细表的界面文字没有任何变化。此时，我们需要将明细表放置到图纸空间中，这个时候我们就会看到图纸字体的变化。也就是说，更改"标题"和"正文"字体只能在图纸中体现出来。例如当把"正文"字体改为"仿宋 7 号"字体。如图 353 所示。

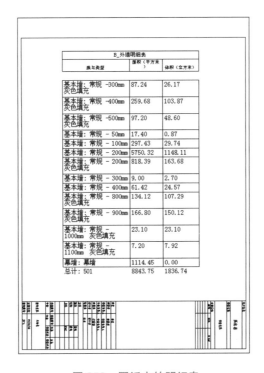

图 353　图纸中的明细表

71. 为什么在 Revit 中链接位置正确的模型导出到 Navisworks 中会出现错位?

Revit 中能够非常方便的与 Navisworks 软件进行交互，但是在交互过程中，导出模型到 Navisworks 会出现错位，可能发生的错位有：

(1) 当 Revit 内部模型的互相链接为统一的坐标系统，且链接为"自动 - 原点对原点"进行，Revit 链接文件各自分别导出 Navisworks。如图 354 所示。

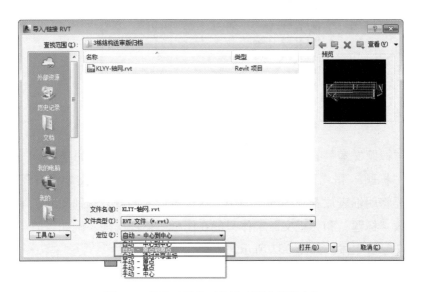

图 354　导入 / 链接时使用"原点到原点"

此时分别将 Revit 导出 Navisworks 文件时，每个 Revit 只需要将"Navisworks 设置"选项卡里面进行设置，将"坐标"设置为"共享"的坐标方式。如图 355 所示。

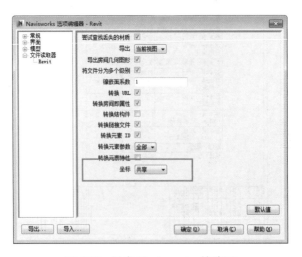

图 355　导出 Navisworks 的选项

导出 Navisworks 文件以后，然后打开 Navisworks，把多个导出文件"附加"在一起。此种方法是利用坐标系统为"共享"的方式避免错位。如图 356 所示。

（2）当 Revit 内部为不统一的坐标系统，链接到 Revit 文件后，通过移动 Revit 文件使整个模型位置正确。此时导出 Navisworks，按照上述方法，则可能出现错位。此时，如果将整个模型导出并避免错位，可以将勾选"Navisworks 选项编辑器"中的"转换链接文件"，并且将"坐标"设置为"项目内部"。此时按照此方法将不会错位。如图 357 所示。

图 356　Navisworks 中模型对齐

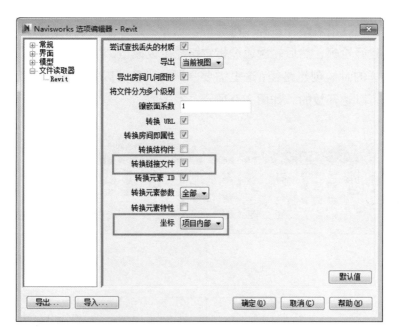

图 357　导出 Navisworks 选项编辑器

不过值得注意的是，此种方法要慎重。当项目内部多个链接文件，且文件非常大的时候，可能无法导出到 Navisworks。

72. 如何绘制带有 Y 型三通的无压管路？

无压管是带有坡度的管道，通常情况下，我们只需要将所有的无压管进行建模完毕以后，选中所有的无压管道，然后在"修改 \ 选择多个"中单击"坡度" 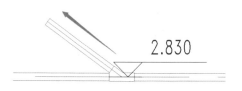。将坡度设置为所需要的坡度，如图 0.8000%。单击"完成"将整个管道设置为统一坡度值。如图 358 所示。

在所需要绘制 Y 型的位置，测量所在位置的高度，创建另外一个支管按照坡度逆行绘制。如图 359 所示。

图 358　设定管道坡度

图 359　创建另外一个支管

73. 在做放样命令时，为什么会出现无法生成模型的情况？

创建放样是通过沿着路径放样二维轮廓，创建三维形状的模型。也就是说需要放样的时候需要创建好轮廓，然后轮廓通过指定路径生成模型。

首先，放样的时候创建路径：这里需要强调的路径可以是曲线，可以是直线；可以是封闭的，也可以是开放的。如图 360 所示。

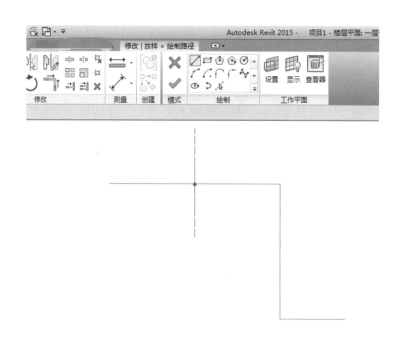

图 360　创建放样路径

其次，创建好路径之后，我们需要载入轮廓（轮廓族），或者绘制草图轮廓。如图361 所示。

图 361　创建轮廓

无法进行放样，会有多种情况出现。若不符合逻辑的命令，也不能放样。例如在进行具有圆弧的放样时，放样轮廓远远大于放样路径的半径，将无法生成模型。

在图 362 中，放样路径为折形（红圈范围内），放样轮廓的形状远远大于折形直角地方。此时无法完成放样。

无法完成放样，系统会弹出"不能创建放样"对话框。如图 363 所示。

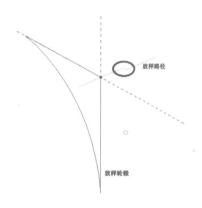

图 362　放样轮廓太大

图 363　错误提示

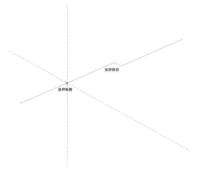

图 364　放样轮廓适合放样路径

当在图 364 中，放样路径为折形，放样轮廓的形状小于放样路径的直角。此时能够完成放样。如图 364 所示。

74. 为什么在创建模型时候有些命令无法捕捉到 CAD 图纸中的线条？

当我们使用创建机电模型的时候，Revit 没有提供拾取捕捉 CAD 线条的命令，不过能够捕捉到点。如图 365 所示。

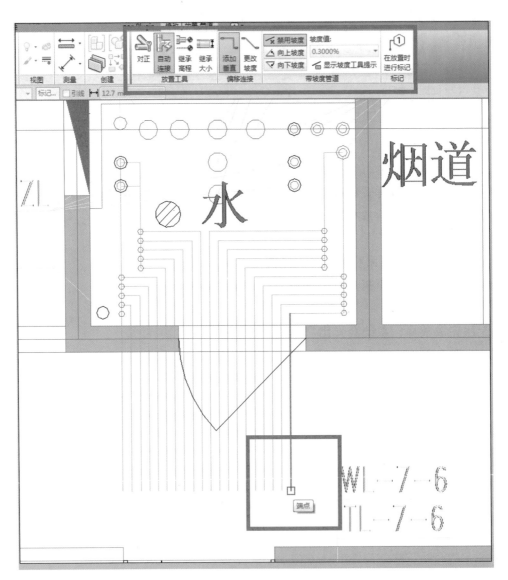

图 365　创建管道时可以捕捉到点

当绘制结构专业模型的时候，绘制结构框架梁，无法进行捕捉到线条的点，但是能够拾取到线条。如图 366 所示。

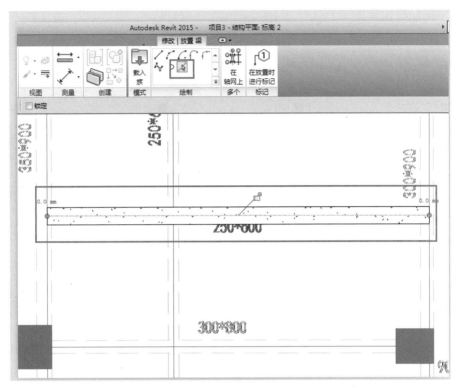

图 366　创建梁可以捕捉到 CAD 的线

当某些命令需要拾取直线的时候，CAD 线条可能存在肉眼无法分辨的曲度，此时无法拾取到相应的 CAD 线条。

75. 如何在剖面图中标注两根风管之间的外边间距？

在用 Revit 软件进行水、暖、电专业设计过程中，在剖面进行尺寸标注的时候，风管只能标注到中心线，无法标注到边界，常常要手动加一条详图线或参照平面用来标注。

这个问题是 Revit 针对设备管线的一个叫作"升/降"的机制导致的，这个机制一般用于平面视图的立管表达，但在剖面视图中就导致上述问题。解决方法是把视图"可见性设置"风管的"升"关闭即可，如图 367 所示。

在"升"关掉之后就可以标注风管的边界，但其截面显示会有点不一样，如图 368 所示，这就是

图 367　剖面视图可见性设置

"升/降"所起的作用。

可以在标注尺寸之后，在把"升"打开，显示恢复正常，标注也会保留下来，如图369 所示。

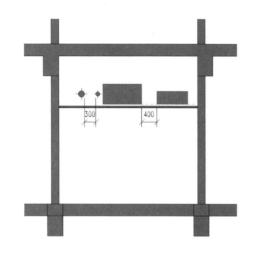 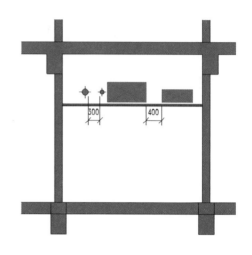

图 368　风管可见性的"升"关闭后的风管剖面　　图 369　风管可见性的"升"打开后的风管剖面

76. 如何在项目中显示链接文件的视图显示和平面注释？

在当前项目中链接的文件视图显示方式默认是按当前项目主体视图来显示，换句话说被链接的文件原来的视图设置在当前视图就不起作用了。如果想按链接文件原来的视图进行显示，可通过设置视图的"可见性/图形"进行。这个设置只能影响当前的视图内容。在当前的视图点击菜单栏的"视图"——"可见性/图形"的功能选项，如图370 所示。

图 370　视图可见性菜单

视图的"可见性设置"打开后，点击"Revit 链接"——"显示设置"弹出对话框后，这个对话框的全部选项卡内容都是关于链接文件的设置，它默认是选择"按主体视图"，就是说当前视图显示哪些构件，链接的文件也只显示这些构件内容，如图371 所示。

图 371　链接文件可见性设置

　　"按链接视图"这个就是被链接文件的视图设置显示哪些内容就显示哪些的。如我们要自定义的话，要点选"自定义"，如图 372 所示。

图 372　自定义视图设置

在点选"基本"选项下的"自定义"后，才可以设置链接模型的视图显示和平面注释。接着点击"模型类别"，这个是控制模型的视图显示，在把模型类别选择为"自定义"这样就可以控制链接文件的视图显示了，如图 373 所示。

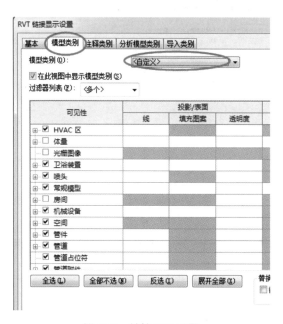

图 373　链接显示设置

如果把链接文件删除后，重新链接文件，相关的设置就变回初始设置的。控制显示平面注释也是这样的，如图 374 所示。

图 374　链接显示恢复初始状态

77. 为什么管道直径下拉菜单中找不到新建的管道尺寸？

在 Revit 2014 之后的版本中，在管道的类型属性里新增了"布管系统配置"功能，如图 375 所示。

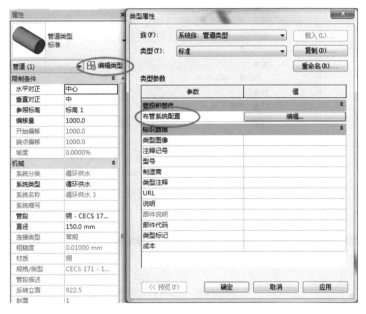

图 375　布管系统配置

点击"布管系统配置"右边的编辑，弹出的对话框里有"管段"、"最小尺寸"和"最大尺寸"，这些参数值都会影响新建管道的尺寸下拉选择。首先要选择好需要的管段，然后把"最小尺寸"选择为最小的尺寸值，"最大尺寸"则选最大的值。如图 376 所示。

当需要新建更多的不同大小的管道尺寸时，可以点击"布管系统配置"的"管段和尺寸"进入新建尺寸，如图 377 所示。

或者打开"管理"选项卡下的"MEP 设置"——"机械设置"，在弹出的对话框，点选"管段和尺寸"，选择对应管道材料的"管段"后，再新建尺寸也可以，如图 378 所示。

图 376　设置最小和最大尺寸

图 377　新建管道尺寸

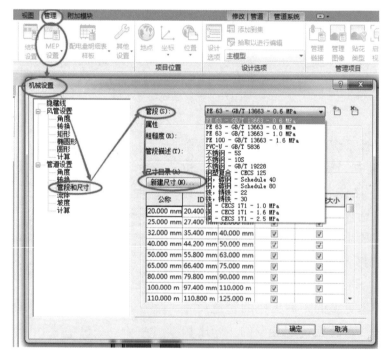

图 378　在 MEP 设置窗口新建管道尺寸

78. 在某一层平面视图中为什么会看到下一层的模型投影?

这个情况有两种设置能影响:

一是楼层平面的属性对话框下的"基线"设置,"基线"选择"无",则不能看到下一层模型投影。选择相应的标高，就能看到这个标高的模型投影，如图 379 所示。

　　二是楼层平面的属性对话框下的"视图范围"，如图 380 所示，点击"视图范围"编辑，弹出的对话框设置"底"为"相关标高"偏移量为 0，视图深度的"标高"也设置为"相关标高"偏移量为 0，则不能看到下一层模型投影，如图 381 所示。

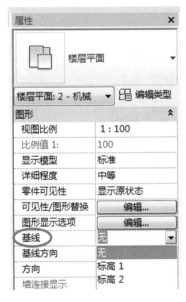

图 379　视图属性的基线设置

图 380　视图属性的视图范围设置

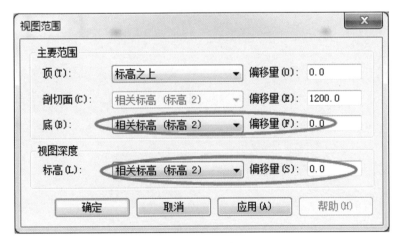

图 381　视图范围

79. 为什么在某一层平面视图中可以看到下一层的模型投影却无法选中？

楼层平面的属性对话框下的"基线"，设置了某层后，如图 382 所示。

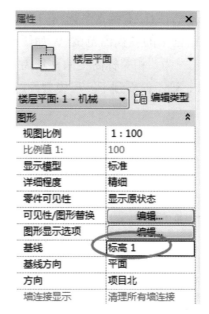

图 382　视图属性基线设置

从 Revit2014 的版本开始，还要点击绘图区右下角"选择基线图元"的图标，图标显示出红色交叉，图中的模型投影就不能点击选择。如图 383 所示。

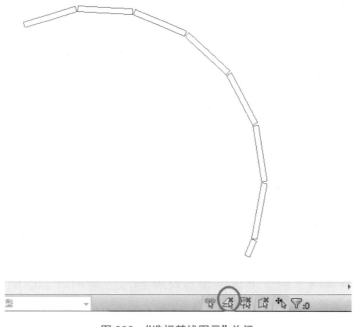

图 383　"选择基线图元"关闭

点击该图标后，红色交叉取消了，即可选中模型投影，如图 384 所示。

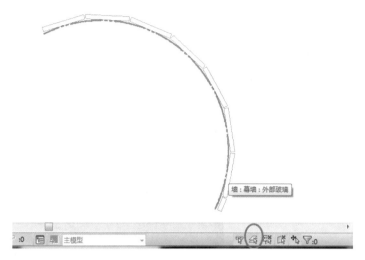

图 384 "选择基线图元"打开

80. 如何在曲面墙上开异型洞口？

Revit 只能提供矩形的洞口命令，如图 385 所示。对于在曲面墙上开异形洞口，例如古建筑的异形装饰洞口等，就需要用到窗族。

图 385 洞口命令开矩形孔洞

我们做出一个异形装饰洞口时，如图 386 所示。

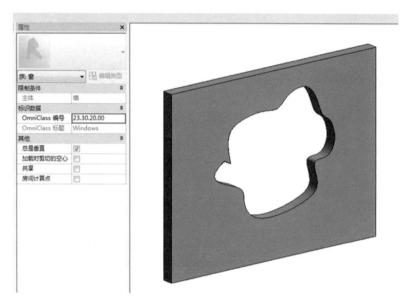

图 386　异形洞口

把异形装饰洞口载入到项目里时，并不能直接放置在曲面墙上，鼠标箭头变成一个禁止的图形，如图 387 所示。

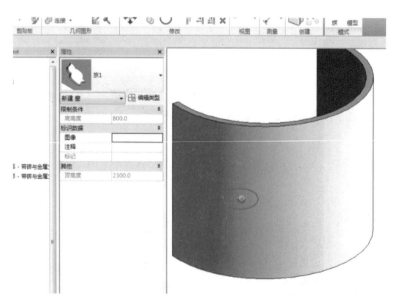

图 387　异形装饰洞口族无法放置在弧形墙

这时的解决办法是，先把默认窗族的文件载入到项目并放置在墙上，如图 388 所示。

图 388　先放置矩形窗

　　然后把同名的异形装饰洞口族载入到项目里替换默认的窗族，在弹出的对话框后，选择"覆盖现有版本及其参数值"，如图 389 所示。

图 389　用同名异形窗族覆盖

　　最后异形装饰洞口就可以放置到墙上了，如图 390 所示。

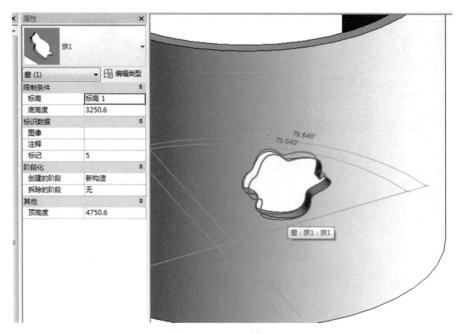

图 390　完成的异形洞口

81. 为什么管线连接的越多，等待管线连接完成的时间越长？

原因是相连接的管道每变化一次都要计算一次管道系统的变化，管道数量多完成时间就长。

解决办法可以把管道分区或分层断开，最后完成再把它们全部连接起来。

例如，绘制喷淋管道时，先把各个分支管道绘制完成，再与干管连接，如图 391 所示。

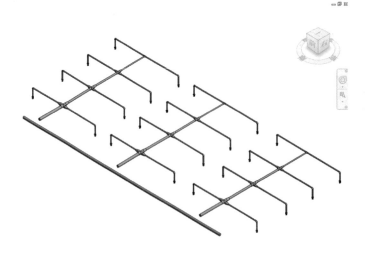

图 391　喷淋管

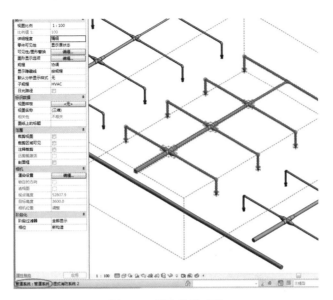

图 392　删除管道系统

或者把管道的属性里的"系统类型"设置为"未定义"。操作方法是，鼠标移动到管道上，管道高亮后，按"TAB 键"多次，在软件界面左下角出现"管道系统"相关的文字点击鼠标左键，后按"Delete 键"，即可删除管道的系统，如图 392 所示。删除后的管道属性系统类型为未定义，如图 393 所示。

完成全部的管道路径设计后再赋予管道系统，如图 394 所示。

图 393　管道属性系统类型

图 394　恢复原来的管道类型

注：如果暂时不考虑系统计算的，可以把项目浏览器下"管道系统"类型属性里的参数"计算"设置为"无"。这样可以减少软件重复计算的时间。如图 395 所示。

图 395　管道类型属性计算参数设为"无"

82. 为什么在三维视图中框选模型时容易漏选？

如果需要框选一部分的模型，而 Revit 的图元构件被锁定后，并且软件界面右下角的"选择锁定图元"被关闭时，就不能选中锁定的图元构件了，如图 396 所示，喷淋的支立管被锁定后就不能被框选。

在三维视图中，框选模型的时候，如果一些小构件被大的构件挡住，也会无法被选中，如在三维顶视图中选择喷淋系统，如果框选很容易出现构件无法选中，所以这时最好用 Tab 键通过轮选，将所有构件全部选中，这样被锁定的图元构件也可以被选中，如图 397 所示。

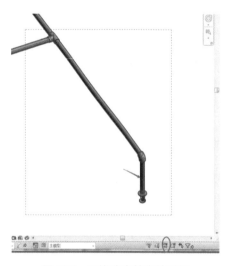

图 396　不能选中锁定的图元

图 397　用 Tab 键循环选择

83. 设备族中连接件的箭头方向是什么意思？

当我们要把管道和设备族连接起来时，连接件的箭头方向为设备连接管道的方向，添加连接件时，必须确认连接件箭头指向的方向可连接其他构件。如图398 所示。

要是管道在反方向绘制，则管道不能生成，软件弹出对话框提示，如图399 所示。

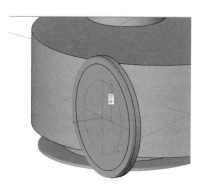

图 398　连接件的箭头方向

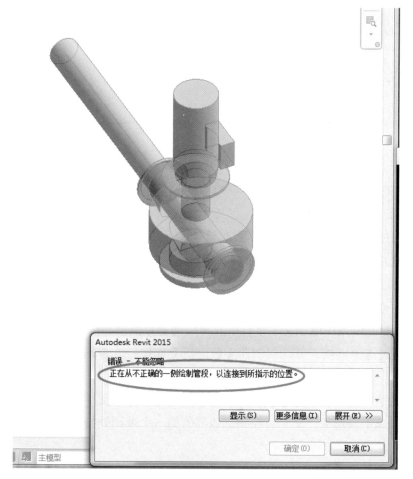

图 399　连接错误提示

84. 在族文件中将标签误用为文字的情况

（1）注释标签

添加到标记或标题栏上的文字占位符。可以在族编辑器中，将标签创建为标记或标题栏族的一部分，如图 400 所示。 当在项目中放置标记或标题栏时，也就放置了标签的替代文字，并且文字会显示为族的一部分。

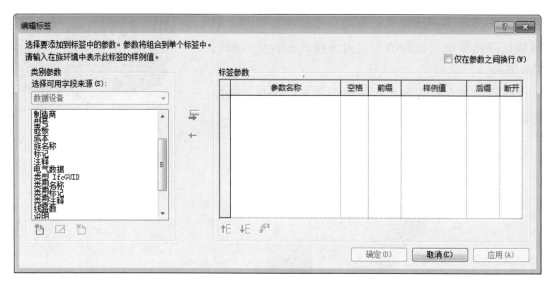

图 400　编辑标签窗口

"编辑标签"对话框"标签参数"窗口中的列显示标签的注释选项。参数名称按照顺序显示在第一列中。

空格：通过输入空格的个数（大于等于零），可以增加或减少标签中的参数之间的间距。如果选中"断开"选项，则该选项将禁用。

前缀：通过在该选项中添加文字字符串，可以向参数值添加前缀。

样例值：可以修改占位符文字在参数中的显示方式。

后缀：通过在该列中添加文字字符串，可以向参数值添加后缀。

断开：通过选中该框，可以强制在参数之后立即换行。否则，文字将在标签边界之处换行。

仅在参数之间换行：通过选中该框，可以强制标签中的文字换行，以便在参数末尾换行。如果未选中该选项，文字将在到达边界的第一个单词处换行。

（2）文字注释

点击"注释"菜单栏下的"文字"选项卡，如图 401 所示，将文字注释添加到视图中（带有引线或不带引线），文字注释会根据视图自动调整大小，如果修改视图比例，则文字将自动调整尺寸。

在添加文字注释后，可对其进行编辑以更改其位置或格式、添加或调整引线和作出其他修改，如图 402 所示。

图 401　文字注释

图 402　文字注释格式

要编辑文字注释，在绘图区域中选择文字注释，然后执行下列操作：

1）添加引线：单击"修改 | 文字注释"选项卡"格式"面板，然后选择引线样式。指定一个附着点，根据需要拖曳引线点，然后在视图中的任何位置单击以完成编辑。

注：对于在版本低于 Revit 2011 中创建的文字注释，默认的引线附着点是左上附着点和右上附着点。

2）移动引线：单击"修改""文字注释"选项卡"格式"面板，然后选择一个新的引线附着点。

修改段落格式：选择注释文字，然后在"修改""文字注释"选项卡"格式"面板上，从（段落格式）下拉列表中选择一个样式。

3）移动注释：要移动文本框而不移动引线的箭头，可拖曳十字形控制柄。要移动引线，请沿着所需的方向拖曳其中的一个蓝色圆形控制点。如果要在引线上创建折转，请拖曳引线上的中心控制点。

调整注释的大小：拖曳文字框上的某个圆形控制点以修改文字框的宽度。 如果要按照非换行文字注释调整文本框的大小，则文字注释将变为换行的文字注释。

4）旋转文字注释：使用旋转控制点旋转注释。

修改文字对齐：单击"修改""文字注释"选项卡"格式"面板，然后选择一个对齐选项（"左对齐"、"水平居中"或"右对齐"）。 或者，也可以在"属性"选项板上编辑"水平对齐"属性。

5）修改字体：选择注释文字，然后在"格式"面板上，选择"粗体"、"斜体"和 / 或"下划线"（或者按 Ctrl+B、Ctrl+I 或 Ctrl+U）。

6）编辑文字：选择注释中的文字，然后根据需要进行编辑。

7）修改注释背景：在"属性"选项板上，单击"编辑类型"。在"类型属性"对话框中，指定"不透明"或"透明"作为"背景"值。

85. 为什么管道的偏移量在绘制前后不一样？

Revit 软件默认是设置管道中心为偏移量的数值，当设置管道中心绘制一段高 2000mm 的直径 150mm 管道后，再点击管道，管道属性的偏移量为 2000mm，如图 403 所示。

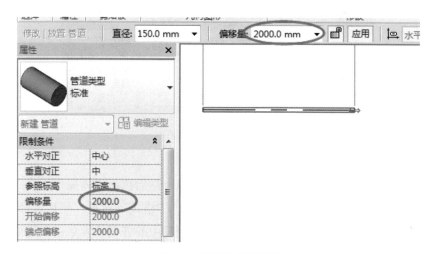

图 403　管道偏移量设置

如果把"系统"菜单栏下的"管道"功能选项下的"对正"，把它的"垂直对正"设置为"底"或"顶"后，如图 404 所示。这个功能主要用在异心管道绘制的使用。

图 404　对正设置窗口

再绘制管道时的偏移量是"底"或"顶"的偏移量，当设置管道"底"绘制一段高2000mm的直径150mm管道后，再点击管道，管道属性的偏移量为2075mm，如图405所示。绘制后再点击管道显示的偏移量默认显示管道中心的偏移量，因为加上了管道半径的高度。

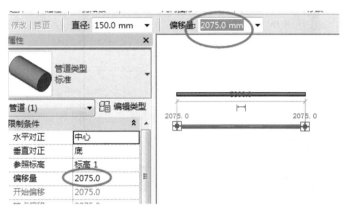

图405　管道偏移量

86. 如何快速选择幕墙系统中单一方向的嵌板？

当选择整块幕墙时，点击右键出来的功能选项里有"选择主体上的嵌板"的命令，就可以快速选择同一块幕墙上的所有嵌板，如图406所示。

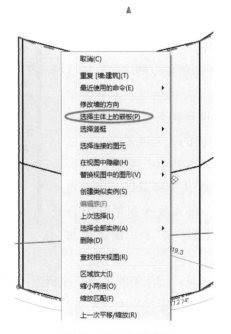

图406　选择幕墙嵌板

将鼠标移动到其中一块嵌板的边缘后，按"Tab"键一次并点击鼠标右键，选择"选择全部实例"，如图 407 所示，这种操作多数用在选择一块或者多块嵌板上。

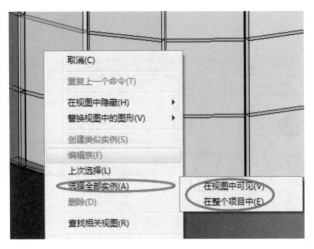

图 407　鼠标右键菜单

87. 如何让族文件的边界具有被参照性？

参照平面有一个名为"是参照"的属性，如图 408 所示。如果设置了该属性，则在项目中放置族时就会指定可以将尺寸标注到或捕捉到该参照平面。

"是参照"还会在使用"对齐"工具时设置一个尺寸标注参照点。通过指定"是参照"参数，可以选择对齐构件的不同参照平面或边缘来进行尺寸标注。"是参照"属性还可控制造型操纵柄在项目环境中是否可用于实例参数。造型操纵柄仅在附着到强度为强或弱的参照平面的实例参数上创建。

强参照的尺寸标注和捕捉的优先级最高。强参照的优先级高于墙参照点（例如其中心线）。

弱参照的尺寸标注和捕捉优先级最低。因为强参照首先高亮显示，所以，将族放置到项目中并对其进行尺寸标注时，可能需要按 Tab 键选择弱参照。

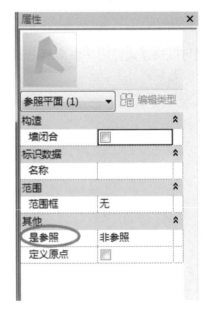

图 408　"是参照"参数

非参照在项目环境中不可见，因此不能尺寸标注到或捕捉到项目中的这些位置。

设置方法是把族构件的边界与参照平面锁定关联后，点击参照平面在属性对话框里把"是参照"设置为"强参照"或者"弱参照"即可，如图 409 所示。

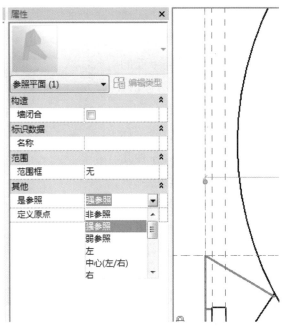

图 409 "是参照"属性

88. 如何做出具有正确脊线的融合体量？

例如做出一个天圆地方的融合体量时，体量的脊线出错，如图 410 所示。

可以编辑顶圆的轮廓，按需要打断轮廓，如图 411 所示。

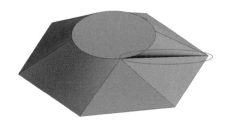

图 410 天圆地方体量

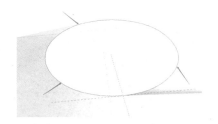

图 411 编辑顶部轮廓

完成编辑后没有出现错误的脊线，如图 412 所示。

图 412 正确的体量

89. 如何创建复杂空间曲线路径的三维放样？

Revit 的三维放样其路径绘制受工作平面的约束，很难直接创建三维空间曲线的路径线，但通过辅助方法可以间接实现。

图 413　创建形状菜单

首先使用"创建形状"选项卡的功能，如图 413 所示。使用"创建形状"工具从各种几何形状创建实心和空心拉伸，利用这些功能进行布尔运算，可创建出复杂的形状。例如创建古建筑时，这些功能要经常用到。然后利用这些造型来辅助获取复杂的三维空间曲线路径。

以下是创建复杂路径的檐沟模型的方法：

首先用"拉伸"工具分别创建两个特殊的构件形体，如图 414 所示。

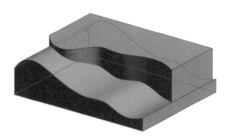

图 414　复杂造型的形状

然后，使用"修改"菜单栏的"几何图形"的"连接"工具，把这两个拉伸体连接起来，得到它们的相交曲线，如图 415 所示。再利用这条特殊的曲线得到需要的路径。

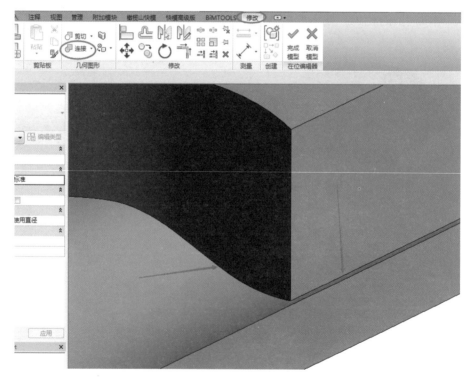

图 415　连接形状

使用"放样"的工具实现三维放样，点击"拾取路径"后并选择"拾取三维边"，如图 416 所示，完成路径。

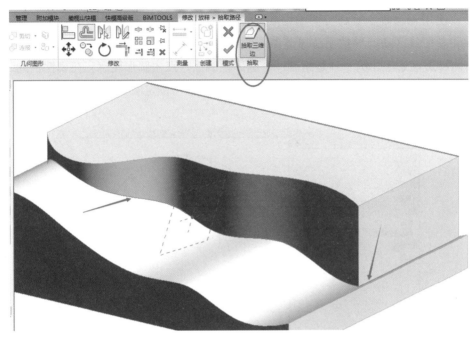

图 416　拾取交线

最后，在这个基础上来创建需要的轮廓，如图 417 所示，沿着曲面生成了一个弯曲的檐沟。

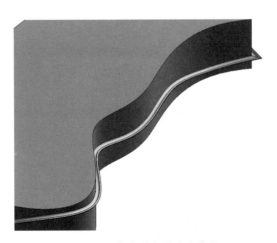

图 417　复杂路径的弯曲檐沟

通过以上的例子，我们就可以参照类似方法创建各种带复杂路径的三维形状。

90. 绘制的圆形草图线无法锁定圆形的参照线该怎么办？

因为做族时经常要通过参照线控制模型体的大小参数变化，但是在图中画好圆形参照线后，使用轮廓命令绘制与参照线重合的圆形轮廓后，没有出现锁定命令，导致轮廓线无法和参照线联动，导致无法通过参照线控制轮廓形状，遇到这种问题。

有两种方法解决，第一种是绘制一个圆形轮廓后，点击圆形轮廓，在属性栏的"中心标记可见"参数打勾，对齐圆中心线与参照平面后，即可锁定圆与参照线，如图 418 所示。

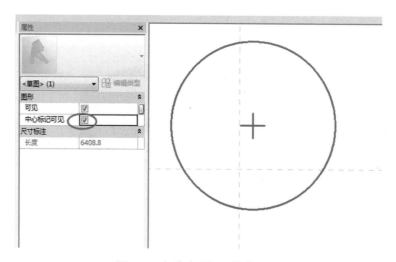

图 418　勾选中心标记使其可见

还有一种是在绘制轮廓的时候使用"拾取"命令拾取参照线或者构件边线，也可以锁定，如图 419 所示。

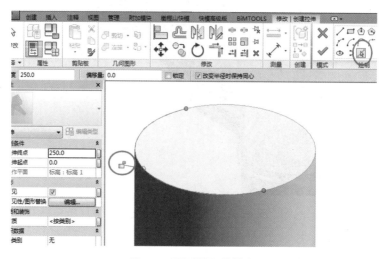

图 419　通过拾取线锁定

91. 不需要的族类型该如何删除？

可以通过两种方法从项目或样板中删除未使用的族或未使用的族类型：在项目浏览器中选择并删除这些族和类型；或运行"清除未使用项"工具。

如果只需要删除少量的族或类型，请选择并删除这些族和类型。

如果需要"清除"项目，请使用"清除未使用项"工具。删除所有未使用的族和类型通常能够降低项目文件的大小。

无论使用哪种方法，都不能删除下列项：具有相关性的族类型（如作为其他族的主体的族类型），当前项目或样板中使用的类型的族和系统族。

第一种方法，在项目浏览器对话框里，找到需要删除的族类型，右击它删除即可，如图 420 所示。

另一个删除的操作方法，这个方法需要注意是否需要全部删除临时用不到的族。注意选择的族的"选中的项目数"的个数。如果删除个别部分的，可以先点击一次"放弃全部"的按钮，然后再选择删除的，如图 421 所示。

图 420　删除未使用的不需要的族

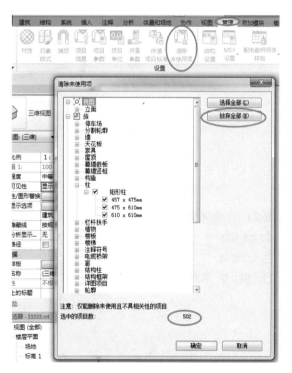

图 421　清除未使用的族

第四章 鸿业 BIMSpace（Revit 插件）

92. 给排水设计时，卫生器具连接排水管道时，如何添加存水弯？

鸿业 BIMSpace 软件在连接卫生器具时，如图 422 所示，可以选择添加多种形式的存水弯，具体操作如下：

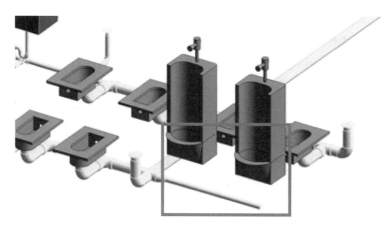

图 422　管道和器具连接前

（1）打开给排水软件，选择【给排水】选项卡中【连接洁具】命令，如图 423 所示。

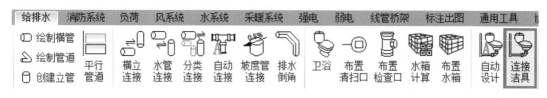

图 423　连接洁具命令

（2）弹出图 424 所示对话框，选择存水弯的形式，根据命令行提示框选水管和卫浴装置，该功能可自动区分给水和排水管道与洁具的接入点。

（3）选择不同的存水弯进行连接，连接后如图 425 所示。

图 424　连接洁具对话框

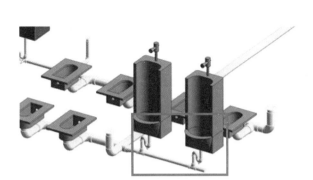

图 425　排水管道自动连接

93. 如何快速创建给排水立管并进行批量标注？

应用 Revit 在平面上创建立管较为烦琐，鸿业 BIMspace 软件专门开发立管绘制功能并配套立管标注、批量标注等，可以便捷地创建立管，提高建模效率。具体操作如下：

（1）打开 BIMSpace 中给排水软件，如图 426 所示，选择【给排水】选项卡中【创建立管】命令。

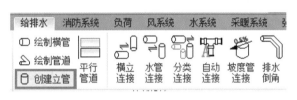

图 426　创建立管命令

（2）弹出如图 427 所示对话框，输入参照标高和相对标高。

图 427　绘制立管对话框

（3）点击绘制，在当前楼层平面选择一点，即可在相应位置创建立管。

（4）对于创建的单根或者多根立管，可使用"标注出图 >  立管标注"进行批量自动标注，自动标注后的效果如图 428 所示。

图 428　立管标注

94. 给排水三维视图中的横管和立管连接如何快速处理？

如图 429 所示的管道，可以通过"三维修剪"命令在三维视图中进行快速连接，具体操作如下：

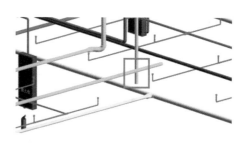

图 429　修剪前管道

（1）打开给排水软件，如图 430 所示，选择【给排水】选项卡中【三维修剪】命令，此命令弥补 Revit 自身修剪命令的不足，可在三维视图下对于不共面的横管和立管进行快速连接。

图 430　三维修剪命令

（2）按照命令行提示选择需要保留的横管一端，再选择需要保留的立管一端，即可完成修剪，如图 431 所示。

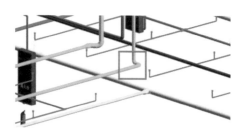

图 431　三维修剪后的管道

95. 创建自喷系统时，如何批量的布置喷头？

鸿业 BIMSpace 软件可以批量的进行喷头布置，极大地提高建模速度。具体操作如下：

（1）打开给排水软件，如图432所示，选择【消防系统】选项卡中【矩形布置】命令。

图432　批量布置喷头命令

（2）如图433所示，在弹出的对话框中选定喷头样式，设置喷头标高、布置参数等。

图433　布置喷头参数设置

（3）即可在图面上批量的布置喷头，如图434所示。

图 434　批量喷头布置

96. 自喷系统中，喷头和自喷管道如何批量连接？

鸿业 BIMSpace 软件可根据多个喷头与管道间位置自动选择连接方式进行接管，操作如下：

（1）打开给排水软件，如图 435 所示，选择【消防系统】选项卡中【连接喷头】命令。

图 435　批量连接喷头命令

（2）根据命令行提示框选喷头与管线，出现如图 436 所示的界面，设置连接形式及喷头与支管的高差。

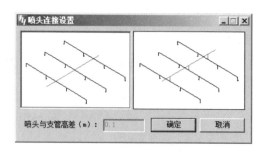

图 436　喷头连接参数设置

（3）即可自动生成相应的自喷系统，如图 437 所示。

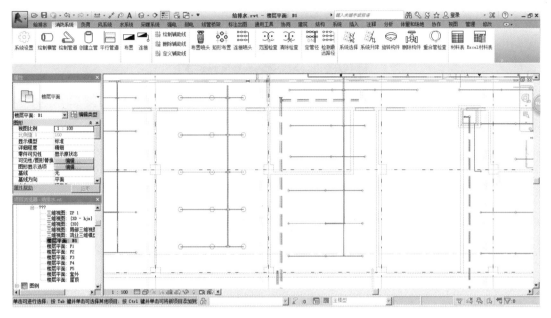

图 437　自动连接喷头

97. 自喷系统的管径如何确定？

鸿业 BIMSpace 可以方便地对自喷系统的管径进行批量的定义，并将计算的结果自动赋回模型。操作如下：

（1）打开给排水软件，如图 438 所示，选择【消防系统】选项卡中【定管径】命令。

图 438　定义自喷管径命令

（2）弹出如图 439 所示的对话框，选择不同的危险等级，下方的"喷头数量 - 管径"表内数据会跟着做相应的改变，喷头数量和管径的对应关系也可以自定义修改，点击"选管线"。

（3）进入 Revit 模型操作，选择消防系统内的入口水管，系统会自动搜索该视图内与之相连的所有喷淋管道，并根据表内对应关系，确定水管管径，计算完成后，软件将结果赋回到模型中，赋回后的管道，会蓝色亮显，如图 440 所示。

图 439   根据喷头数定义管径

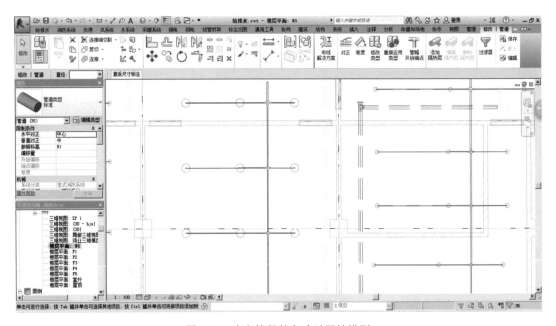

图 440   确定管径并自动赋回的模型

98. 给排水系统图如何输出？

鸿业 BIMSpace 可以对给排水族构件设立图例映射关系，再根据映射关系，自动生成整个系统图，操作如下：

（1）打开给排水软件，如图 441 所示，选择【标注出图】选项卡中【轴测图】 > 【系统图设置】命令。

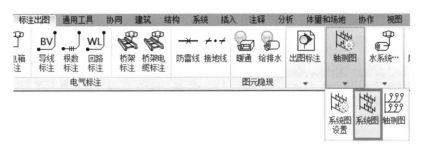

图 441　给排水系统图命令

（2）出现如图 442 所示的界面，在左侧族信息中选择需要建立对应关系的族，右侧选择图例信息及图例角度。族与图例均可实时预览。点击"映射系统图图例"按钮，确立映射关系，左侧族中有 ✓ 表示已经建立映射。

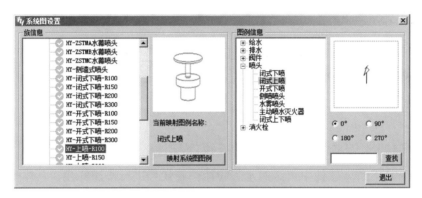

图 442　系统图设置映射关系

（3）映射之后，点击"标注出图 > 轴测图 > 系统图"功能，如图 443 所示，可选择不同的绘制方式。可对 X 轴、Y 轴、Z 轴比例、角度、图例缩放比例进行自定义设定，可勾选在系统图生成时是否进行管径标注及标高标注。

图 443　系统图绘制方式

（4）点击"确定"按钮，效果如图444所示（单系统或者区域选择）。

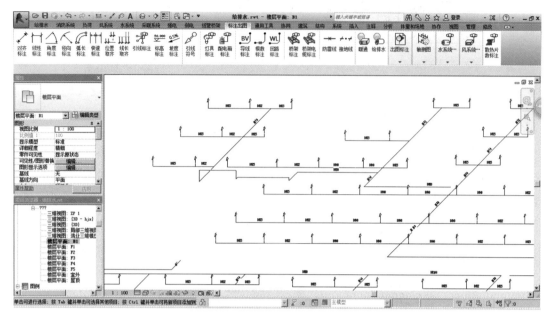

图444　给排水系统图

99. 如何对水管管径、管代号进行快速标注？

在鸿业BIMSpace软件中可以对水管管径、管代号进行快速标注，具体操作如下：

（1）打开暖通软件，如图445所示，选择【标注出图】选项卡中【水系统】>【水管标注】命令。

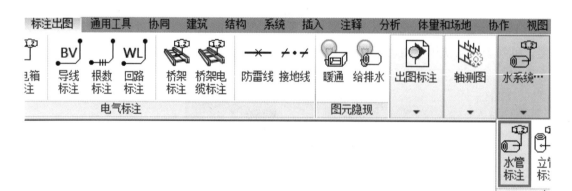

图445　水管管径标注命令

（2）弹出如图446所示窗口：可设定标注内容、标注方式、标注位置，对标注进行预览。

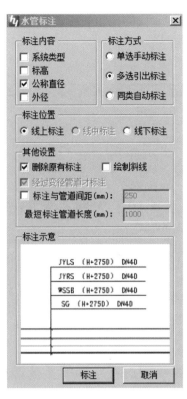

图 446　水管标注形式设置

（3）"多选引出标注"可对比较密集的管道进行引出标注，标注效果如图 447 所示。

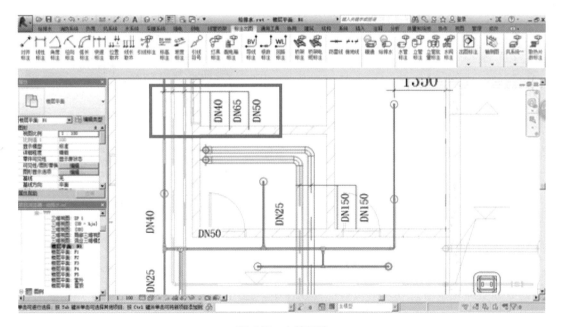

图 447　水管标注

（4）如果需要对模型中标注管段的最短长度进行设定，可在如图 448 所示的选项中进行设定。

图 448　设置最短标注管道长度

100. 如何直接利用三维模型进行空调的负荷计算？

鸿业 BIMSpace 可以直接利用并提取三维模型的相关模型信息，并自动将模型信息导入鸿业负荷计算中，直接进行负荷计算，并将计算结果导入模型。操作如下：

图 449　负荷计算命令

（1）打开暖通软件，如图 449 所示，选择【负荷】选项卡中【创建空间】命令。

（2）每个空间类型有对应的设计参数，软件根据房间名称来建立与空间类型的对应关系，以便提取相关的设计数据。单击 按钮，可直接添加新的对应关系，并且房间名称关键词处于编辑状态，可以输入与已有关键字不重复的名称。如图 450 所示，点击"创建空间"。

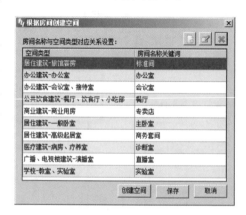

图 450　房间类型与房间名称对应关系的设置

（3）如图 451 所示，空间的参数可通过"负荷 > 空间类型管理"来管理，创建完成后，软件会有创建成功的提示。

（4）点击"负荷 > 负荷计算"启动负荷计算软件，如图 452 所示，可自动把已创建好的空间模型信息导入到负荷计算软件中，之后在计算软件中进行计算并且输出计算书等，并可保存负荷计算数据文件，方便后续在模型中将结果导入。

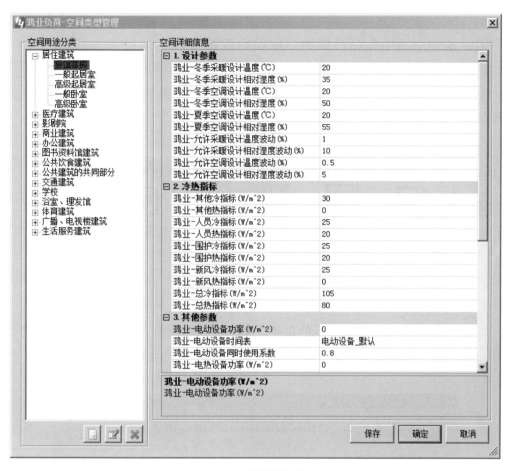

图 451　空间类型管理参数

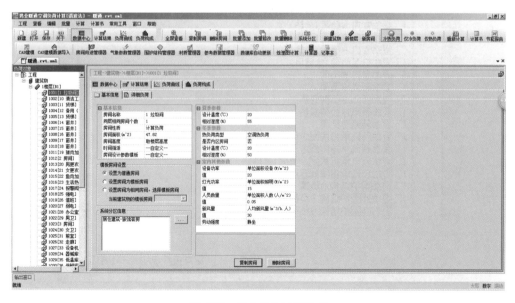

图 452　导入负荷计算软件

101. 暖通空调中负荷计算的结果如何查看？

在鸿业 BIMSpace 软件中查看暖通空调负荷计算结果的具体操作如下：

（1）打开暖通软件，如图 453 所示，选择【负荷】选项卡中【导入结果】命令，可以把负荷计算的结果导入到 Revit 模型的空间实体中。

图 453　负荷导入结果命令

（2）点击 ▢ 图标，选择保存的负荷计算数据文件，然后勾选需要标注显示的负荷选项，如图 454 所示；点击"空间更新"进行标注，效果如图 455 所示。

图 454　导入负荷计算结果

图 455　负荷计算结果更新

102. 风管和风口如何批量连接？

鸿业 BIMSpace 可进行风管和风口的批量连接方式，极大地缩短了建模时间，提高工作效率。操作如下：

图 456　批量连风口命令

（1）打开暖通软件，如图 456 所示，选择【风系统】选项卡中【批量连风口】命令。

（2）根据命令行提示，框选如图 457 所示的风管和要连接的风口，指定风管上游起点，软件会按照 Revit 中布管系统配置的默认连接件进行连接。

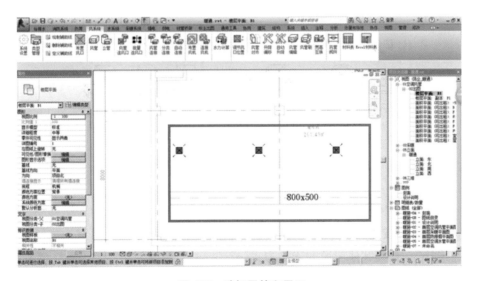

图 457　选择风管和风口

（3）批量连接后的风管和风口如图 458 所示，批量连接后管道的尺寸可通过风管水力计算进行计算并修正。

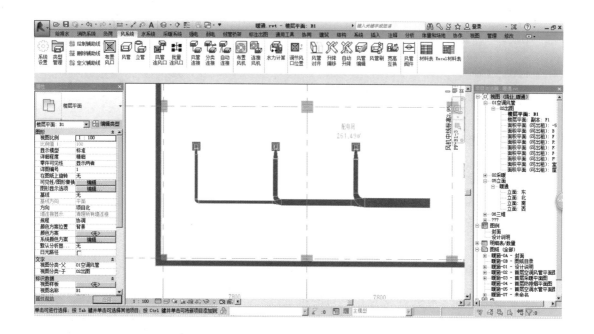

图 458　批量连接风管与风口

103. 建模过程中，风管之间的连接如何快速处理？

在鸿业 BIMSpace 软件中快速进行风管连接的具体操作如下：

（1）打开暖通软件，如图 459 所示，选择【风系统】选项卡中【风管连接】命令。

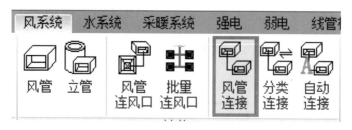

图 459　风管连接命令

（2）弹出如图 460 所示界面，单击"三通连接"，按命令行提示选择如图 461 所示需要连接的风管和支管。如果需要对三通的连接方式进行修改时，可双击或鼠标右键单击"三通连接"，更换其他三通的连接方式。

（3）连接后的效果图如图 462 所示。

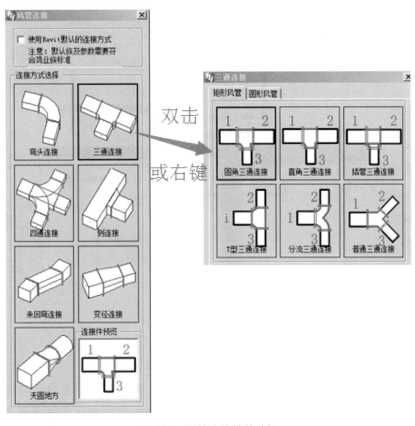

图 460　风管连接管件选择

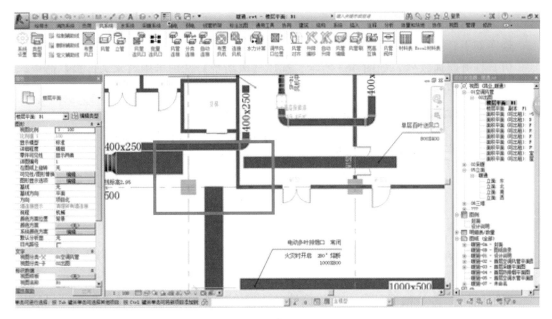

图 461　选择需要连接的管道

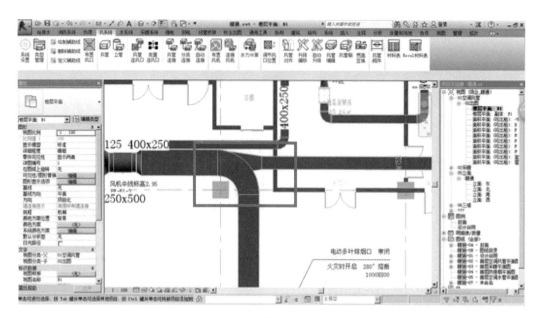

图 462　三通连接后效果

104. 风系统模型如何进行计算、校核并输出计算书？

鸿业 BIMSpace 提供了计算功能，可从模型中提取风系统信息进行自动计算，软件能自动计算弯头、三通等管件的局阻系数，并提供风管宽高比、风管高度等尺寸优化设计条件，以便得到更为合理的风管尺寸。允许用户对任一管段进行手动校正，获取更加优化的系统。计算完成后，将风管的计算数据赋回到图面实体，直接调整模型尺寸数据，大大提高建模效率，还可生成 Excel 格式的计算书，方便后期编辑、修改。

操作如下：

（1）打开暖通软件，如图 463 所示，选择【风系统】选项卡中【水力计算】命令。

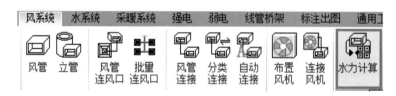

图 463　风系统水力计算命令

（2）根据命令行提示选择系统远端，会自动提取到与之相连的系统，如图 464 所示。

（3）点击"计算"中"设计计算"命令，实现风系统的设计计算。

"设计计算"，是根据风量，及计算控制选择合适的风管尺寸，并且根据"风管设置"中的优化参数对系统管段进行优化处理。对已经进行过校核计算的系统再进行设计计算，修改的管径尺寸将丢失。

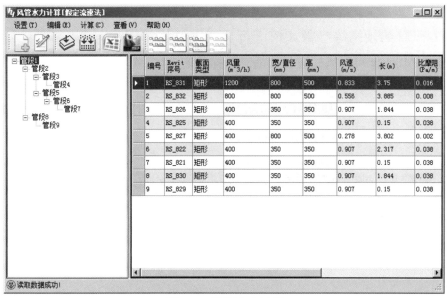

图 464　风管水力计算

"校核计算"会根据用户设定的管段尺寸对系统进行校核计算。校核计算仅仅根据管段尺寸、风量计算管段风速等其他数据。校核计算时如果用户改变了管段尺寸，修改信息不会丢失。

（4）点击"计算结果"中的"Excel 计算书"或者"计算"工具条中的 ，可以生成如图 465 所示的 Excel 计算书。

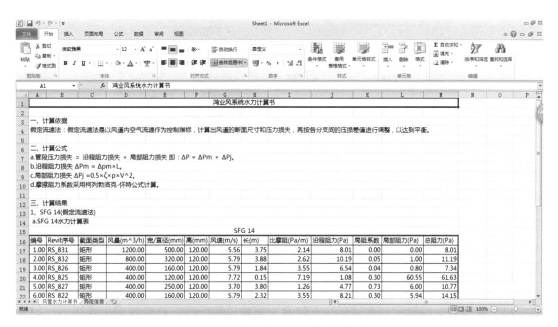

图 465　风系统 Excel 格式计算书

105. 风管的规格等参数如何进行灵活地标注?

鸿业 BIMSpace 可对风管进行灵活、多样化的标注,以满足不同用户的实际需求。操作如下:

(1)打开暖通软件,如图 466 所示,选择【标注出图】选项卡中【风系统】>【风管标注】命令。

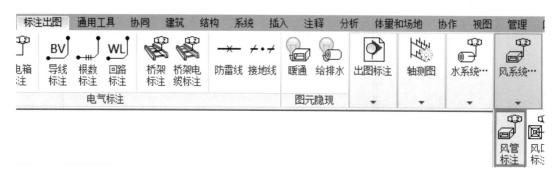

图 466　风管标注命令

(2)弹出如图 467 所示的对话框,选择需要标注的样式、标注内容和标注方式(如果为自动标注,则设置自动标注的间距),点击"标注"按钮。

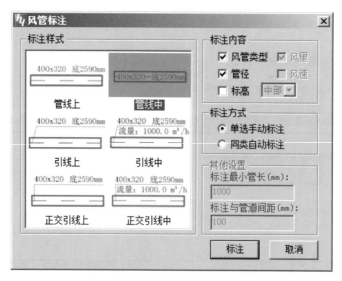

图 467　风管标注设置

(3)按照命令行提示,选择标注方位点,完成风管标注,效果如图 468 所示。如果修改标注样式后,重新进行标注时,软件会自动将原来的标注删除并更新。

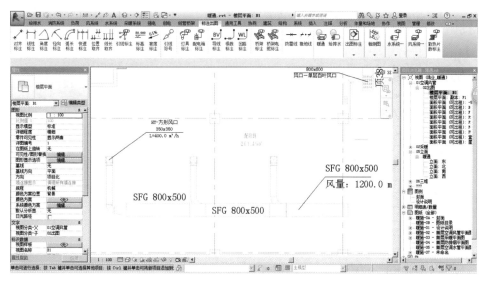

图 468　风管批量标注效果图

106. 风系统材料统计结果如何输出 Excel 格式？

风系统材料统计可以进行 Excel 格式的输出，操作如下：

（1）打开暖通软件，如图 469 所示，选择【风系统】选项卡中【Excel 材料表】命令。

图 469　风系统材料表命令

（2）弹出如图 470 所示窗口，选择材料表样式，点击"统计"按钮，在视图中框选所要统计的范围。

图 470　材料统计样式设置

（3）生成如图 471 所示的 Excel 格式的计算书。

序号	系统分类	系统名称	材料名	规格	数量长度	单位	备注
1	送风	SFG 15	镀锌钢板_法兰	800x500	0.03	米	
2	送风	SFG 1	镀锌钢板_法兰	630x500	1.85	米	
3	送风	SFG 14	镀锌钢板_法兰	350x350	6.45	米	
4	送风	SFG 14	镀锌钢板_法兰	800x500	11.43	米	
5	送风	SFG 14	矩形内外弧弯头-曲率0.8	350x350-350x350	4	个	
6	送风	SFG 14	HY-矩形圆角三通-中心对齐	800x500-800x500-350x350	2	个	
7	送风	SFG 14	HY-矩形变径	800x500-350x350	1	个	
8	送风,控制	SFG 16	电动多叶调节阀	800x500-800x500	1	个	
9	送风	SFG 1	风口－单层百叶风口	800x600	1	个	
10	送风	SFG 14	HY-方形风口	350x350	3	个	

图 471　风系统 Excel 计算书

107. 空调水系统的建模流程？

空调水系统的建模流程操作如下：

（1）打开暖通软件，如图 472 所示，选择【水系统】选项卡中【布置风盘】命令。

图 472　布置和连接风盘命令

该功能可以选择结构形式和安装形式，快速选择合适的风机盘管进行布置。可以查看所选择族类型的关键参数。布置界面如图 473 所示。

图 473　布置风机盘管

（2）根据 结构形式：全部▾ 安装形式：全部▾ 接管形式：全部▾ ，过滤选择风机盘管型号，设置盘管相对标高。在风管盘管表格上双击，即可查看风机盘管的详细信息，如图 474 所示。

图 474　风机盘管参数查看

如图 475 所示，按照设计需求可进行单个布置或者矩形布置。

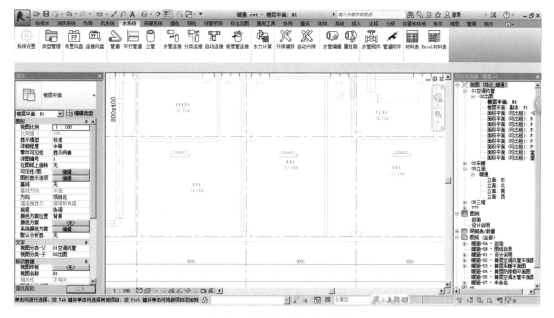

图 475　风机盘管布置效果图

（3）进行管道的绘制，如有成组管道需要绘制，点击"水系统 > 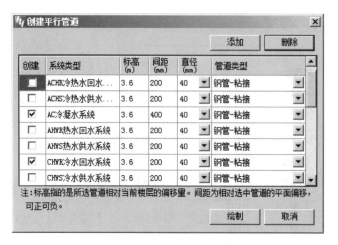平行管道"，该命令提供选取参照管道，并创建与之平行的管道，同时可定义管道类型、标高与参照管道的间距及直径参数。布置界面如图 476 所示。

图 476　创建平行管道

（4）风盘和管道之间的连接，使用"水系统 > 连接风盘"命令，框选需要连接的水管和风机盘管，弹出界面如图 477 所示。

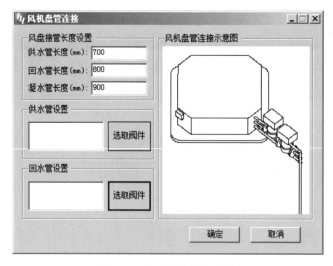

图 477　自动连接风机盘管

在此界面中，可对风机盘管接管长度分别进行固定值设定，也可对供回水接管的阀件进行设置。

（5）单击"确定"按钮，软件自动完成连接，效果如图 478 所示。

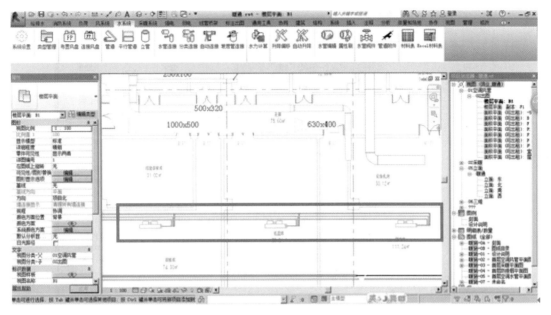

图 478　自动连接风机盘管效果图

108. 空调水系统能提取模型进行水力计算吗？

鸿业 BIMSpace 应用的系统分析计算方法在鸿业 ACS 软件中应用多年，经广大用户反馈，计算结果准确可靠。软件可从模型中提取水系统信息进行自动计算，软件能自动计算弯头、三通等管件的局阻系数，允许用户对任一管段进行手动校正，获取更加优化的系统。计算完成后，将水管的计算数据赋回到图面实体，直接调整模型尺寸数据，大大提高建模效率，还可生成 Excel 格式的计算书，方便后期编辑、修改。操作如下：

（1）打开暖通软件，如图 479 所示，选择【水系统】选项卡中【水力计算】命令。

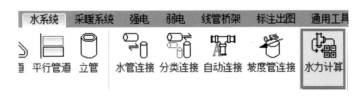

图 479　水管水力计算命令

（2）根据命令行提示选择水系统的远端，软件会自动搜索与之相连的系统，并将搜索管段信息显示在如图 480 所示的界面中。

（3）点击"计算" > "设计计算"，可对系统进行计算，并可点击 生成 Excel 计算书，如图 481 所示：

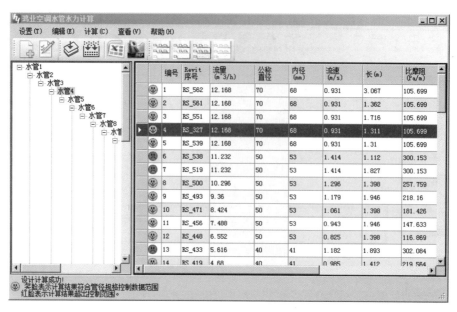

图 480　空调水管水力计算界面

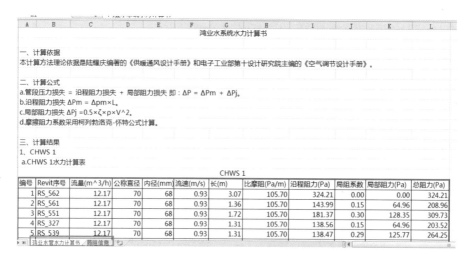

图 481　水系统水力计算书

（4）点击 ，将计算结果赋回模型，如图 482 所示。

图 482　水系统计算结果自动赋回

109. BIMSpace 软件中的快捷键如何自定义设置？

使用快捷键可以提高建模设计的效率，BIMSpace 软件中可以自定义快捷键，操作如下：

（1）打开暖通软件，如图 483 所示，选择【通用工具】选项卡中【快捷键设置】命令。

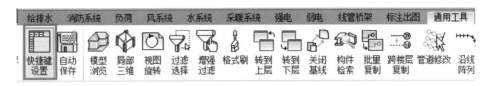

图 483　快捷键设置命令

（2）选择需要定义快捷键的命令，如图 484 所示，在"快捷方式"中敲击需要定义的快捷字母，点击"保存"按钮完成自定义。

菜单命令	快捷方式	路径
系统 设置	GSZ	给排水>设置
绘制横管	HZHG	给排水>管线设计
绘制管道	HZGD	给排水>管线设计
创建立管	CJLG	给排水>管线设计
平行 管道		给排水>管线设计
横立 连接	HLL	给排水>管线设计
水管 连接		给排水>管线设计
分类 连接		给排水>管线设计
自动 连接		给排水>管线设计
坡度管 连接		给排水>管线设计
排水 倒角	PSDJ	给排水>管线设计
卫浴	WY	给排水>设备设计
布置 清扫口	QSK	给排水>设备设计
布置 检查口	JCK	给排水>设备设计
水箱 计算	SXJS	给排水>设备设计

图 484　设置快捷键

110. 在三维视图下，如何实现显示某局部的模型？

在三维视图下，希望对模型的局部进行显示，可在 BIMSpace 中按如下方法操作实现：

（1）打开平面视图，如图 485 所示，选择【通用工具】选项卡中【局部三维】命令。

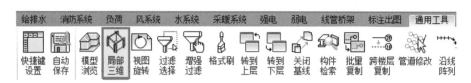

图 485　局部三维命令

（2）在图 486 所示的对话框中，设置显示的楼层、偏移量及模型的显示设置。

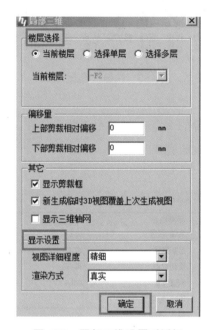

图 486　局部三维设置对话框

（3）点击"确定"按钮后，框选任意区域，即可快速生成此区域的三维模型视图。生成局部三维视图后，还可通过剖面框的控制点再次进行范围调整，如图 487 所示的效果。

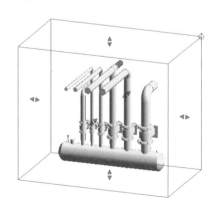

图 487　局部三维显示效果

111. 在选择模型对象时，如何快速地批量选择需要的对象？

软件提供了比 Revit 过滤器更细化的过滤选择功能，可以进行细化选择。操作如下：

（1）打开暖通软件，如图 488 所示，选择【通用工具】选项卡中【增强过滤】命令，框选模型对象。

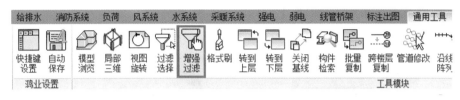

图 488　增强过滤命令

（2）如图 489 所示对话框中，软件会按"类别—族—类型"依次显示所选择的构件内容，同时还可按族参数进行过滤。

图 489　增强过滤选择

（3）选择需要过滤的构件，勾选"缩放至过滤结果"，点击"确定"按钮，软件会自动缩放到所选构件并高亮显示。

112. 如何使用面积测量的工具？

Revit 面积测量只能通过房间进行，如果想进行任意的面积测量而不依赖房间，可使用鸿业的乐建模块，操作如下：

（1）打开，如图 490 所示，选择【通用工具】选项卡中【测量工具】命令。

图 490　测量工具命令

（2）弹出如图 491 所示的对话框，在图面上顺序点击需要测量的范围边界。

（3）可将测量结果标注在图面上，如图 492 所示。

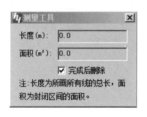

图 491　测量工具

图 492　测量结果标注

113. 如何进行楼层之间的快速复制？

有些建筑标准层基本一致，可以通过楼层复制命令进行模型的快速搭建，提高建模效率。具体操作如下：

（1）打开鸿业乐建模块，如图 493 所示，选择【通用工具】选项卡中【楼层复制】命令。

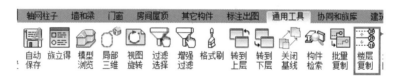

图 493　楼层复制命令

（2）如图 494 所示，点击"选择实体"命令，然后如图 495 所示在模型文件中选择需要复制的楼层，点击"完成"按钮。

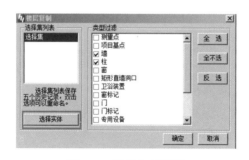

图 494　楼层复制界面

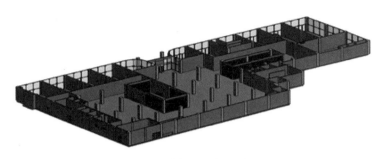

图 495　选择需要复制的楼层

（3）返回到"楼层复制"对话框，对已选择的构件进行类型过滤，勾选需要复制的构件，点击"确定"按钮，如图 496 所示。

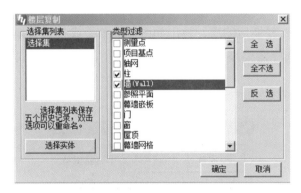

图 496　选择需要复制的构件类型

（4）如图 497 所示，选择需要复制到的目标楼层，即可将所选构件批量复制，复制后的模型效果图如图 498 所示。

图 497　目标楼层界面

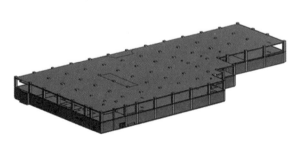

图 498　楼层复制后的模型

114. 对族进行单个和批量替换的功能

鸿业 BIMSpace 软件中提供了单个或同类批量替换族的功能，可以方便地进行模型的编辑和修改，操作如下：

（1）打开鸿业乐建，如图 499 族替换命令所示，选择【通用工具】选项卡中【族替换】命令。

图 499　族替换命令

（2）在模型中选择替换后的族，弹出如图 500 单个或批量替换所示的对话框，点击"同类替换"按钮，选择需要被替换族中的其中一个，软件会将同类的族自动查找并进行替换。

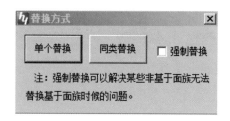

图 500　单个或批量替换

115. 如何对穿过墙体的管道进行批量开洞？

协同开洞一般需要机电和建筑专业相互配合完成。操作步骤如下：

（1）打开暖通软件，打开需要开洞的模型文件，如图 501 洞口设置命令所示，选择【协同】选项卡中【洞口设置】命令，可对风管、水管、桥架洞口进行设置（可按默认），如图 502 所示，点击【套管】选项卡，可以设定是否自动增加套管以及套管的类型。

图 501　洞口设置命令

（2）选择功能区【协同】—【开洞检测】命令，如图 503 所示，选择【本地文件方式】，点击 [...]，设置文件保存的位置和名称，点击【确定】，软件自动检测开洞的位置及洞口大小。

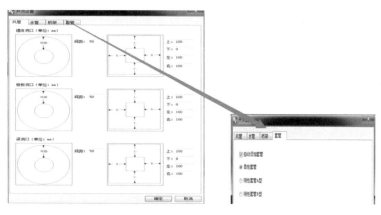

图 502　洞口设置

图 503　开洞文件选择

（3）检测完成后，如图 504 所示，会显示洞口的数量及相关参数，用户可以根据需要逐条浏览洞口及调整参数（模型会同步显示），也可使用【优化】功能实现洞口合并，调整完成后点击【提资】按钮，保存开洞数据文件。

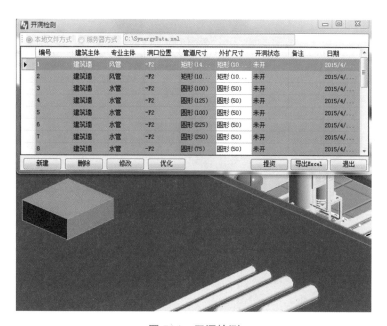

图 504　开洞检测

（4）打开鸿业 BIMSpace 中的乐建模块，打开模型文件，选择【协同和族库】选项卡中【协同开洞】命令，如图 505 所示，选择机电导出的提资文件，点击"确定"按钮。

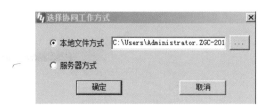

图 505　选择提资文件

（5）如图 506 所示，软件会显示需要开洞的信息。在协同开洞对话框中，选择【接受】。点击【开洞】，软件自动进行开洞，开洞后的效果图如图 507 所示。

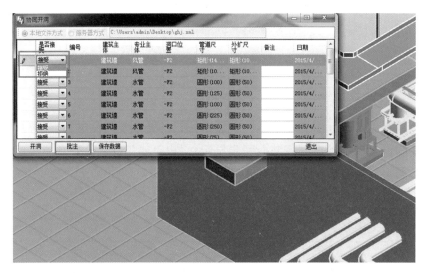

图 506　开洞信息显示

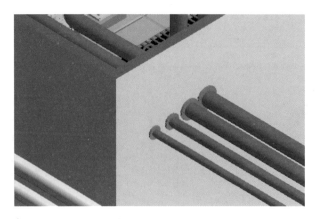

图 507　管道批量协同开洞后的结果

116. 鸿业 BIMSpace 中能够进行支吊架的布置吗？如何布置？

鸿业 BIMSpace 中的机电综合软件可以进行
管道支吊架的选型、批量布置及支吊架材料统
计。具体操作方法为：

（1）打开机电综合软件，如图 508 所示，选
择【支吊架】选项卡中【设计绘制】命令。

图 508　支吊架命令

（2）如图 509 所示，点击【选择类型】，如图 510 所示，选择吊架 - 钢筋吊架（提
供多种形式的支架和吊架）。

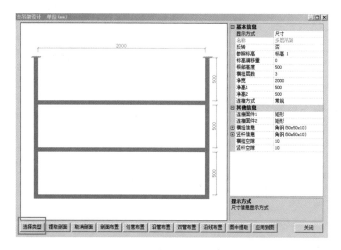

图 509　选择支吊架类型

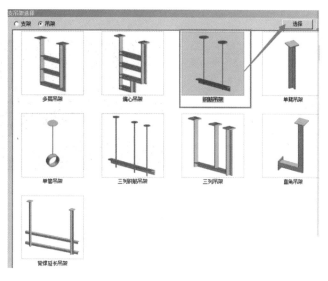

图 510　选择吊架样式

（3）点击 提取剖面 ，批量选择模型中管道，即提取管道信息同时获取支吊架的外围尺寸。

（4）如图 511 所示，点击"沿管布置"按钮，弹出如图 512 所示的对话框，设置布置的起始位置和间距，选择管道，软件以管道中心线为布置中心线进行布置，按起始距离及间距进行布置。

（5）布置后的吊架如图 513 所示。

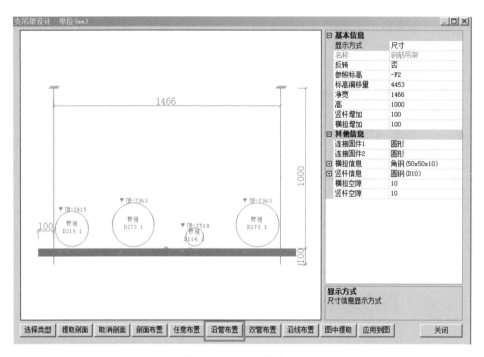

图 511　设置布置方式

图 512　设置布管间距

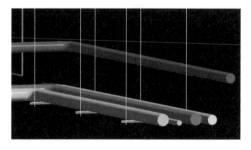

图 513　布置吊架后效果图

117. 管道发生碰撞后，鸿业 BIMSpace 软件中如何快速进行管道调整？

如图 514 所示，管道发生碰撞检查后，鸿业 BIMSpace 软件可对管道进行碰撞调整，以保证合适的空间进行管道的布置，管道碰撞可以进行竖向的升降，也可进行水平方向的偏移。具体操作如下：

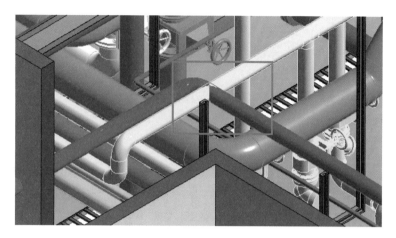

图 514　管道碰撞图

（1）打开暖通软件，如图 515 所示，选择【水系统】选项卡中【升降偏移】命令。

图 515　升降偏移命令

（2）在升降偏移窗口，设置升降高度、角度，如图 516 所示，这里的升降高度指管道之间的净距。

（3）选择要升降的管道两侧的位置点，管道完成升降调整，如图 517 所示。

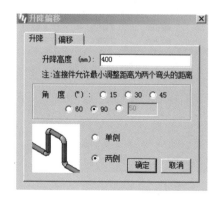

图 516　升降偏移参数设置

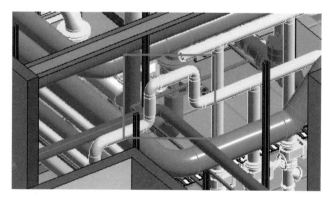

图 517　管道升降调整后的图纸

118. 鸿业 BIMSpace 中的各软件能够调用鸿业族立得中的族吗？如何调用布置？

鸿业 BIMSpace 中的各软件都可以直接调用鸿业族立得中的族库，并直接进行布置，具体操作如下：

（1）打开暖通软件，如图 518 所示，选择【通用工具】选项卡中【族立得】命令，可以直接调出族库管理界面。

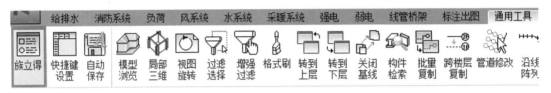

图 518　族立得命令

（2）如图 519 所示，左侧选择族的分类，右侧可以选择族的名称和规格，点击"布置"即可在模型中进行各种族的布置。

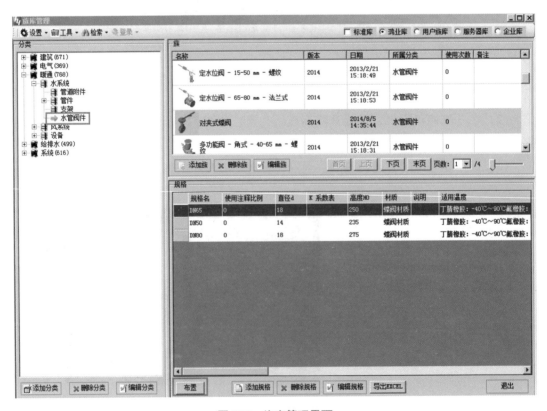

图 519　族库管理界面

119. 如何快速设置模型楼层？

在鸿业 BIMSpace 中快速设置楼层的具体操作如下：

（1）打开鸿业 BIMSpace 中的乐建模块，如图 520 所示，选择【轴网柱子】选项卡中【楼层设置】命令。

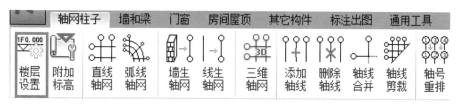

图 520　楼层设置命令

（2）如图 521 所示，点击"向上添加"，可以输入楼层前缀及默认层高，右侧可实时预览设置的层高信息。

（3）同理可"向下添加"地下楼层部分，点击"确定"按钮，如图 522 所示，可在平面视图中自动生成楼层平面，无须通过平面视图再添加楼层。

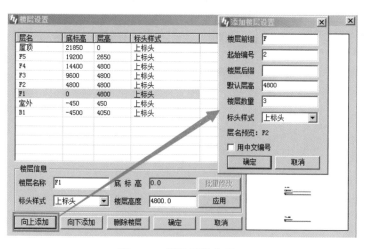

图 521　楼层设置选项

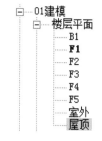

图 522　自动生成楼层平面

120. 如何进行轴网的批量布置，轴网修改有什么快捷工具吗？

鸿业 BIMSpace 中的乐建模块，提供了方便的轴网绘制和修改工具，具体操作如下：

（1）如图 523 所示，选择【轴网柱子】选项卡中【直线轴网】命令。

（2）批量设置进深和开间的距离，点击"确定"，如图 524 所示，可在图面上批量绘制轴网，绘制后的效果图如图 525 所示。

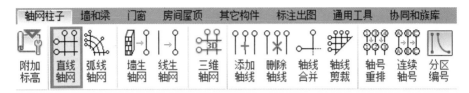

图 523 直线轴网命令

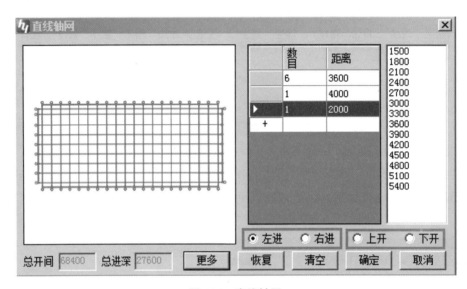

图 524 直线轴网

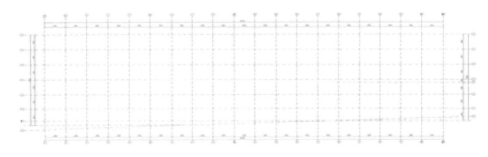

图 525 批量绘制轴网

（3）轴网的相关外延尺寸、标注族样式、轴号等参数可通过点击"更多"按钮进行设置，如图 526 所示。

（4）如图 527 所示，可通过"添加轴线"和"删除轴线"对轴网进行编辑，添加和删除后，后续的编号会自动更新。

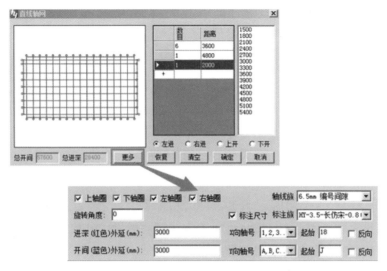

图 526　轴网参数设置

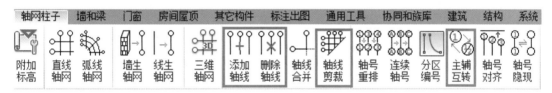

图 527　轴网编辑工具

（5）可通过"轴线剪裁"功能对局部轴线进行剪裁，如图 528 所示。

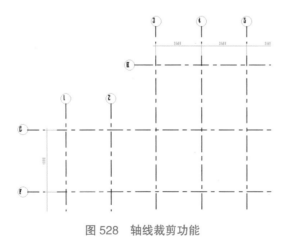

图 528　轴线裁剪功能

（6）可通过"主辅互转"对主轴号和辅轴号进行互转，后续的编号会自动更新，如图 529 所示。

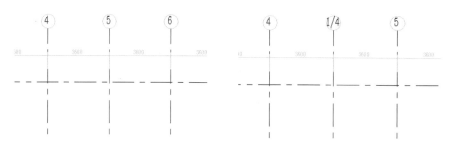

图 529　主辅互转功能

121. 如何检查外墙朝向，并批量进行修改？

建筑建模过程中，鸿业 BIMSpace 中的乐建模块提供了外墙朝向检查工具，可以便捷地进行外墙朝向检查并修改，具体操作如下：

（1）在平面视图中，如图 530 所示，选择【墙和梁】选项卡中【外墙朝向】命令。

图 530　外墙朝向命令

（2）如果模型中有外墙朝向反向的墙体，会有如图 531 的提示。

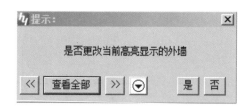

图 531　外墙朝向提示

（3）可在模型中高亮显示这部分外墙，选择"是"则批量对这些朝向相反的外墙进行自动修改。

122. 建筑的门窗图例表是否有快捷的方式自动生成？

在鸿业 BIMSpace 中可以通过"门窗图例"工具进行一键生成门窗图例表，具体步骤如下：

（1）打开鸿业乐建模块，如图 532 所示，选择【门窗】选项卡中【门窗图例】命令。

图 532　门窗图例命令

（2）如图 533 所示，选择新建视图，点击"确定"，框选出图区域，会将门窗图例图生成至新的视图中，生成后的效果图如图 534 所示。

图 533　视图选择

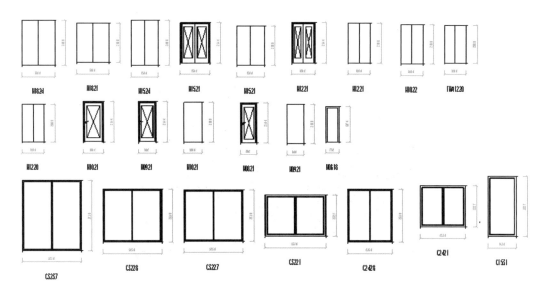

图 534　生成门窗图例表

123. 如何进行双跑楼梯的绘制？

鸿业 BIMSpace 提供了集成工具可方便地进行楼梯的设置和绘制，具体操作如下：

（1）乐建模块中，如图 535 所示，选择【其它构件】选项卡中【双跑楼梯】命令。

图 535　双跑楼梯命令

（2）如图 536 所示，在集成的参数界面中，设置楼梯顶底标高、梯间宽度、梯间长度、扶手类型、休息平台等楼梯相关参数，最后确认插入点。

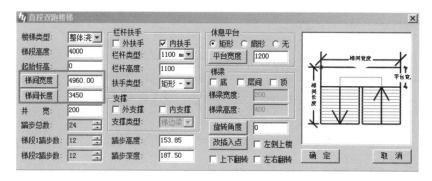

图 536　双跑楼梯参数设置

（3）点击"确定"，可在图面上进行楼梯的绘制，绘制后的效果图如图 537 所示。

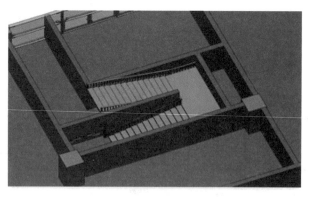

图 537　绘制完成的楼梯

124. 建筑中的台阶在软件中如何绘制？

鸿业乐建模块中提供了如台阶、阳台、入门坡道的快捷布置方式，台阶操作流程如下：

（1）如图 538 所示，选择【其它构件】选项卡中【绘制台阶】命令。

图 538　绘制台阶命令

（2）如图 539 所示，在绘制台阶对话框中，设置顶底标高、平台宽度、踏步参数等，选择所要创建的样式如"双边矩形台阶"，在图面中进行台阶的起点、终点及平台朝向的选择，即可快速准确的生成台阶模型。

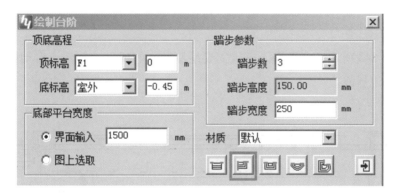

图 539　台阶参数设置

（3）在图面上创建如图 540 所示的台阶。

图 540　绘制后的台阶

125. 散水如何绘制？

在鸿业 BIMSpace 软件中可以方便地进行散水绘制，散水的边线可以通过图面进行搜索，也可以在沿建筑外围进行手工绘制，然后快速生成散水。操作如下：

（1）打开鸿业乐建模块，如图 541 所示，选择【其它构件】选项卡中【散水边线搜索】命令。

图 541　绘制散水命令

（2）如图 542 所示，在图面上框选需要绘制散水的模型，软件会自动搜索建筑外轮廓，生成散水边界线。

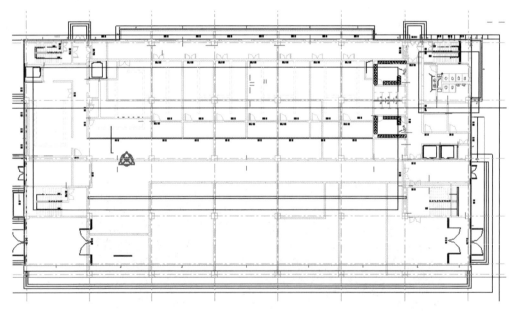

图 542　自动搜索散水边界线

（3）选择【其它构件】选项卡中【散水生成】，如图 543 所示设置散水的各项参数，选择搜索到的散水边线，即可快速、准确地生成散水构件，如图 544 所示。

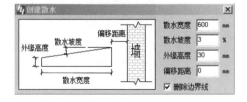

图 543　设置散水参数

图 544　生成散水构件

126. 建筑中的楼板希望根据墙线或参考线等进行拆分，如何实现？

鸿业 BIMSpace 软件可根据墙体、柱、梁和参考平面，对生成的整体楼板进行拆分。操作如下：

（1）打开鸿业乐建模块，如图 545 所示，选择【其它构件】选项卡中【自动拆分】命令。

图 545　自动拆分命令

（2）如图 546 所示，勾选拆分边界的条件。

图 546　拆分边界的设置

（3）选择需要拆分的楼板，即可实现对楼板进行自动拆分。

127. 出图时如何进行共线引出标注?

操作如下:

(1) 打开鸿业乐建模块,如图 547 所示,选择【标注出图】选项卡中【引线标注】命令。

图 547　引线标注命令

(2) 如图 548 所示,输入线上文字和线下文字,设置文字类型。

(3) 图面上选择标注的起点,及水平线的起点和终点,如图 549 所示进行标注。

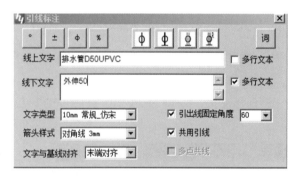

图 548　引线标注的内容及设置

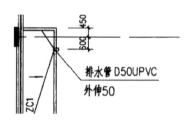

图 549　引线标注完成

128. 鸿业 BIMSpace 软件能够对三维建筑物进行全年冷热负荷计算和能耗分析吗?

在鸿业 BIMSpace 中具体操作如下:

(1) BIMSpace 建立完成的三维建筑模型,可以导出为 "GBXML" 空间文件,如图 550 所示。

(2) 然后在鸿业能耗分析计算软件中通过 BIM 接口功能导入 GBXML 文件,如图 551 所示,即可将 Revit 建筑模型中的空间数据(设计参数、计划表、围护构造等)导入到软件中,直接利用提取的模型数据进行全年负荷计算,或者建立空调系统进行能耗模拟计算。

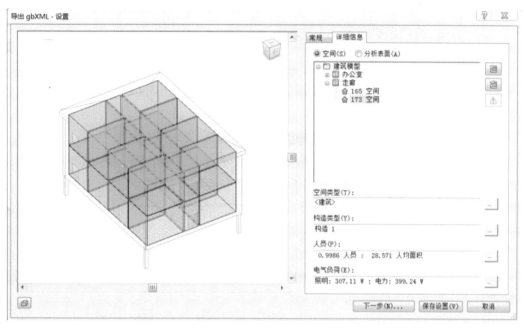

图 550　导出 GBXML 格式

图 551　能耗分析软件中导入 GBXML 格式

129. 电气专业中，如何进行设备之间的快速连线？

软件提供了设备连线和点点连线，可针对不同情况进行快速的设备连线。操作如下：

（1）打开电气软件，如图 552 所示，选择【强电】选项卡中【点点连线】。

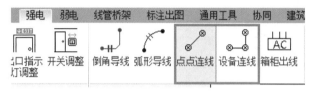

图 552　点点连线　设备连线命令

如图 553 所示，设置导线的相关内容后，逐个选择需要连接的设备，软件会根据选择的设备顺序进行设备的连线。

（2）选择图 552 所示的【强电】选项卡中【设备连线】，批量选择设备，点击左下角"完成"即可对设备进行批量连线，如图 554 所示。

图 553　设备相关参数

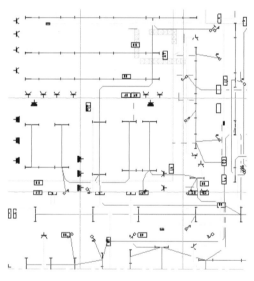

图 554　设备连线后的图形

130. 电气三维视图中为何看不到导线？

Revit 中三维视图中的设备导线是看不到的，需要将导线生成线管才能正常看到。鸿业 BIMSpace 软件可将导线批量生成线管，操作如下：

（1）打开电气软件，如图 555 所示，选择【线管桥架】选项卡中【线生线管】命令，在平面视图下批量选择需要生成线管的导线。

图 555　线生线管命令

（2）点击左下角"完成"，软件如图 556 所示，会弹出线管生成的提示，可自动生成线管，生成后的效果图如图 557 所示。

图 556　线管生成成功提示

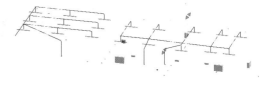

图 557　线管成功的模型

（3）线管类型和线管连接件的设置，可以如图 558 所示，通过【线管桥架】选项卡中【线管设置】命令进行设置。

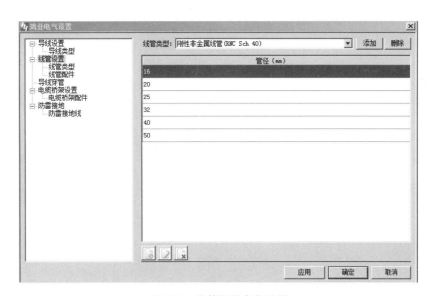

图 558　线管相关参数设置

131. 配电系统图如何生成？

鸿业 BIMSpace 电气软件的配电系统图可在软件中进行设置后自动生成，系统图与平面图无关，可避免因平面图绘制有问题导致系统图无法正常生成。操作如下：

（1）打开电气软件，如图 559 所示，选择【强电】选项卡中【出系统图】命令。

图 559　出系统图命令

（2）如图 560 所示，设置各回路的相关参数，点击"绘制"按钮。

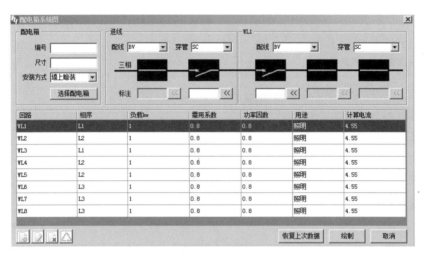

图 560　系统图绘制参数

（3）如图 561 所示，会在图面上生成新的视图，并快速生成电气系统图。

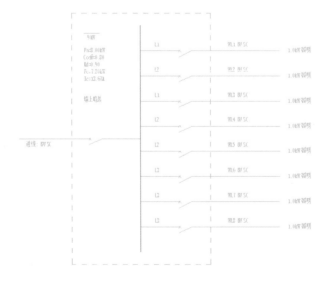

图 561　快速生成电气系统图

第五章 Tekla

132. 如何新建自定义参数化截面？

启用 Tekla 软件时，在使用不同国家、区域的环境条件下，其截面库所包含的截面规格均按照当地常规截面所设置。若存在特殊截面情况下，其截面库则无法满足用户的使用需求。此时我们则需要使用自定义截面去达到目的，其中自定义截面分为两种：

（1）自定义常规截面

（2）自定义参数化截面

参数化截面是在常规截面的基础上，添加尺寸参数控制。此处我们以 H 型钢参数化截面和 Π 型钢参数化截面两种截面为例，讲解一下具体的操作步骤。

案例一：H 型钢参数化截面

如图 562 所示：

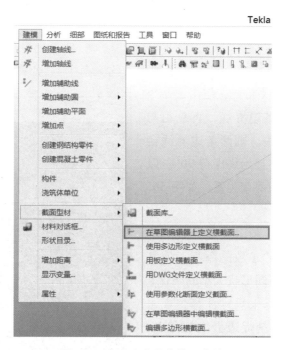

图 562　自定义参数化截面菜单

点击建模菜单栏："型材截面">"在草图编辑器上定义横截面"，进入横截面草图编辑器界面，在绘图界面使用画折线命令，绘制形似 H 型钢的型材界面，绘制时需连续一次性完成，点击鼠标左键进行折断拐弯，最终形状形成点击鼠标中键结束。该图形在第一次绘制完成时无须保持横平竖直，也无须闭合。具体样式及命令如图 563 所示。

使用"添加一直约束命令"使截面的起点与终点闭合约束。如图 564 所示。

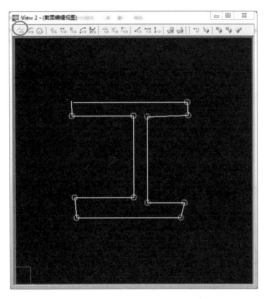

图 563　截面样式

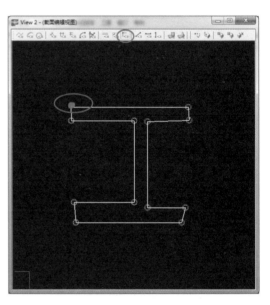

图 564　截面的起点与终点闭合约束

使截面保持闭合状态后，点击"添加垂直约束命令"，使截面边界保持横平竖直，始终互相成 90°的垂直关系。在使用该命令的状态下，先点击一条边界线，再点击与其相连的另一条边界线，则两条边界线会自动保持垂直状态，并且始终保持 90°。以此类推完成全部边界的垂直关系。如图 565 添加垂直约束所示：

完成以上图形的绘制以及边界线的约束关系后，再进行尺寸参数的添加，使其截面轮廓具备参数化驱动形状大小的条件。

首先添加截面的水平尺寸注释，点击"画水平尺寸"命令，捕捉边界线的角点，在空白处点击鼠标左键完成水平尺寸注释工作。其中需要添加水平尺寸注释的边界有上翼缘板宽度、下翼缘板宽度、腹板厚

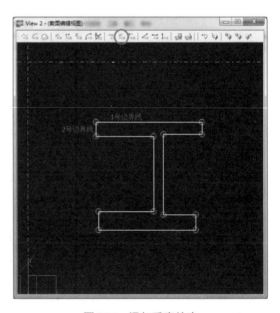

图 565　添加垂直约束

度、翼缘板边界距腹板边界距离等。如图 566 所示。

目前图形中的腹板并非始终保持在翼缘板中部，因此需添加约束关系，首先需理清各个宽度系数的关系主体，b1、b3 为翼缘板宽度，因为上下两个翼缘板宽度始终相等，所以 b1=b3。同理，b4、b5 为翼缘板边界距腹板距离，而腹板厚度为 b2，所以：（翼缘板宽度 - 腹板厚度）/2= 翼缘板边界距腹板距离。综上关系所述，所需列的关系为：b1=b3、b4=b5（b1-b2）/2=b4。因此我们需在变量对话框中添加以上关系，如变量对话框未显示，则点击截面编辑视图下的显示变量命令。具体参数变量如图 567 所示。

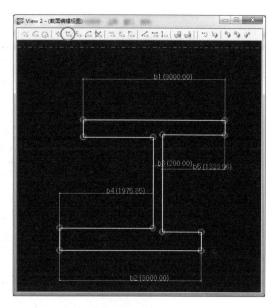

图 566　画水平尺寸

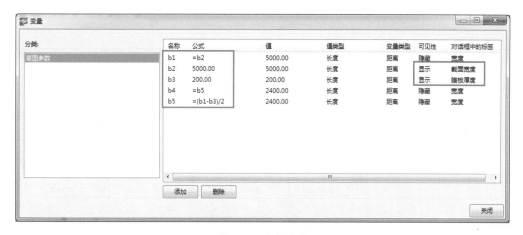

图 567　参数变量

在变量对话框中可尝试修改 b2、b3 参数值，驱动改变截面的宽度与腹板的厚度，并始终保持腹板居中的做法。

接下来继续添加竖向尺寸，点击"画竖向尺寸"命令，捕捉边界线的角点，在空白处点击鼠标左键完成水平尺寸注释工作。其中需要添加竖向尺寸注释的边界有翼缘板厚度、截面高度等。如图 568 所示。

其中 h1 为截面高度、h2、h3、h4、h5 为翼缘板厚度，因此 h2=h3=h4=h5。

其竖向尺寸变量参数如图 569 所示。

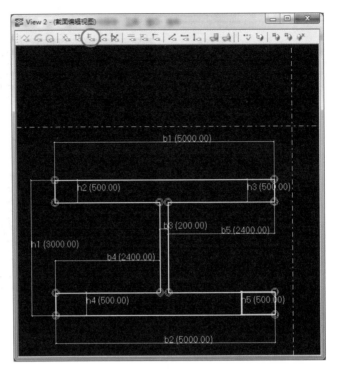

图 568　画垂直尺寸

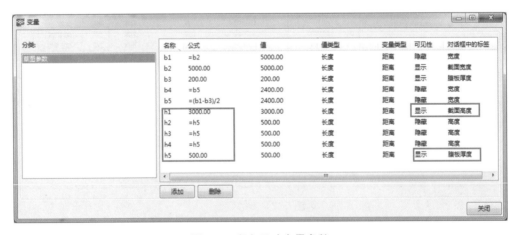

图 569　竖向尺寸变量参数

完成上述所有步骤后，其参数化截面已经基本完成，接下来只需在变量对话框中调试参数，确认参数所控制的截面边界会产生相应的变化，然后关闭截面编辑对话框，此时保存截面，输入截面前缀 ZDYH，如图 570 所示。

图 570　截面前缀

点击确认完成后，则可在截面库中调用该截面使用，并输入相应的数值使其参数化，如图 571 所示。

图 571　修改截面目录

案例二：Π 型钢参数化截面

Π 型截面做法与 H 型大同小异，区别在于参数控制的不同与变量的关系不同。

首先，点击"画折线"命令绘制 Π 型截面的轮廓形状，如图 572 所示。

点击"添加一致约束"命令，使轮廓保持闭合状态，并且使用"添加垂直约束"命令确保每条边界横平竖直且相互垂直关系。完成后如图 573 所示。

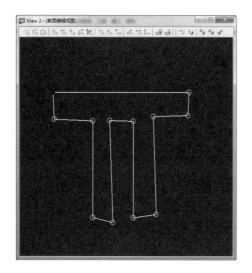

图 572　截面编辑

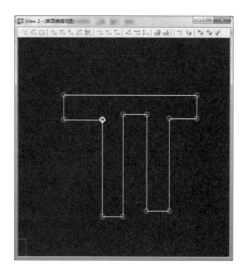

图 573　完成结果

完成绘制截面以及截面形状的约束后，对其添加尺寸注释，如图 574 所示。

上述尺寸中 h1、h5 为截面高度，h2、h3、h4 为上翼缘板厚度，b1 为截面宽度，b2、b3 为腹板至边界距离，b4、b5 为腹板厚度。因此通过对每个尺寸的注释了解后，应列出变量等式：h1=h5（此项为确定左边 h1 与右边 h5 的高度始终相等，截面高度只有一个值），h2=h3=h4（此项为确定上翼缘板厚度的 3 个厚度值始终一致并且同过一个变量去驱动），b2=b3（此项为确定左右各两块的腹板位置始终相对居中），b4=b5（此项为确定左右两块腹板的厚度始终相等，并通过一个变量去驱动）。具体参数变量列表如图 575 所示。

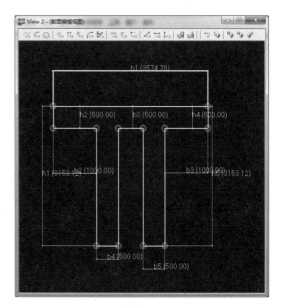

图 574　添加标注

完成变量关系添加工作后，关闭截面对话框并保存截面，赋予截面前缀名称，即可在项目中调取该截面使用并实现参数化控制该截面的尺寸大小。

133. 在 Tekla 中如何隐藏构件，各有何特点？

在 Tekla Structure 软件中有多种方法可以隐藏构件，最直接简单的隐藏方式为选中需要隐藏的构件，点击鼠标右键，选择隐藏命令，如图 576 所示。

按照上述的隐藏方式可以直接对选中的图元构件进行隐藏，此时被隐藏掉的图元构件若想重新显示出来，则需在视图空白处，选中视图（在 Tekla Structure 中视图也是可以选择的，只需在视图空白处点击左键即可），点击鼠标右键，选择重画视图命令，则被隐藏的构件会重新显示出来。如图 577 所示。

图 576　鼠标右键菜单隐藏构件

图 577　鼠标右键菜单恢复显示构件

另外还有一种做法是对图元按类别进行隐藏或者显示，并可以控制模型的精细程度。在视图空白处双击则弹出如图 578 所示窗口。

图 578　视图属性

点击对象属性的可见性选项中的"显示"，弹出如图 579 所示对话框：

在上述对话框中，其可见性勾选项中分为两类：在模型中、在节点中，其中在模型中的含义为模型项目中的单独类别，以零件举例，在模型中的零件分为梁、板、柱、钢板等多类零件，然而在节点中，例如一个牛腿节点，其零件则包含钢板、加劲板等多种不同用处的钢板零件，如果在模型勾选上零件，节点中不勾选零件，则该项目所有非节点组成的零件都将会被显示，节点中的零件则将全部隐藏。"表示"一栏选项中分为：快速、精确的、参考线等三种显示模式。

Tekla Structure 的剖切功能可以用任意角度切割模型构件，点击菜单栏中"创建切割面命令"，捕捉三维构件的边界面生成剖切面，选择剖切面拖拽，可随意改变剖切面位置，更改剖切深度。如图 580、图 581 所示。

图 579　显示设定

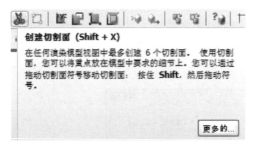

图 580　创建切割面

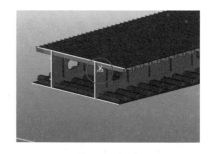

图 581　切割效果

134. 在 Tekla 中框选构件是否有类似 Revit 中的过滤器？

在 Revit 软件当中可以使用框选方法选择上全部构件，然后使用过滤器勾选上不需要选择的构建类别。同理 Tekla Structure 软件也有此项功能，但是操作流程却是相反的，Tekla Structure 软件中需要过滤性选择的构件需要先设置好过滤器，再框选，即未被设置允许选择的构件类别无法选中。

我们可以理解为 Tekla Structure 软件当中存在着选择过滤的开关，即开启状态可以选择，关闭则无法选中。

在 Tekla Structure 窗口下方命令栏中存在如图 582 所示命令。

图 582　窗口下方命令栏

选择开关是用于控制对象选择的特殊命令。选择开关用于确定可选择的对象类型。例如，如果只有选择焊缝开关激活，那么即使您选择了整个模型区域，Tekla Structures 也只会选择焊缝。主要选择开关 控制您可以选择组件中的对象还是构件分层结构中的对象。这些开关的优先级最高。

其他选择开关控制可选择的对象类型：

上述选择开关做法只是构件按类别等方式区分选择，若如果想做到批量选择某种截面的零件或者梁柱过滤或者某种颜色等过滤性选择的做法则需要创建"选择过滤" standard 条件。如图 583 所示。

图 583　选择过滤

在过滤条件中我们可以添加过滤规则，过滤条件可以多样化。我们可以创建包含多个属性的过滤。此外还可以对每个属性使用多个过滤值。若使用多个值，可使用空格分隔字符串（例如，12 5）。如果一个值由多个字符串组成，请用引号将整个值括起来（例如，"custom panel"）。通过使用条件、圆括号、与 / 或等选项，可以根据具体要求来创建更复杂的过滤条件。

通过上述对选择过滤的理解，以下示范性的做几个过滤条件以供大家参考学习。

过滤梁和柱：

案例一：过滤梁和柱

（1）创建新过滤，单击"添加行"两次添加两个新行。

（2）填写零件名称 BEAM 和 COLUMN。

（3）选择过滤条件，设置如图 584 所示。此过滤现在将会搜索名称为 BEAM 或 COLUMN 的对象。

（4）在"另存为"按钮旁边的字段中输入唯一的名称。

（5）单击"另存为"。

图 584　按 BEAM 和 COLUMN 过滤

案例二：过滤特定状态的零件

（1）创建新过滤，单击添加行。

（2）填写零件状态 1 和 2。用空格分隔字符串，如图 585 所示。

（3）在"另存为"按钮旁边的字段中输入唯一的名称。

（4）单击"另存为"。

图 585　按状态过滤

过滤出使用特定截面型材的零件（假设需要过滤出使用 BL 150*10 截面型材的零件）：

（1）单击添加行。

（2）填写截面型材 BL150*10。

（3）从条件列表框中选择不等于。

（4）在另存为按钮旁边的字段中输入唯一的名称。

（5）单击另存为。如图 586 所示。

图 586　截面型材过滤

过滤构件和浇筑体：

（1）单击添加行。

（2）在种类列表中，选择构件。

（3）在属性列表中，选择构件类型。

（4）在值框中，输入构件类型编号或使用从模型中选择 ... 选项从模型中选择一个值。

值	构件类型
0	预制
1	当场浇筑
2	钢材
3	木材
6	其他

（5）在"另存为"按钮旁边的框中输入唯一的名称。

（6）单击"另存为"，如图587所示。

图 587　按构件类型过滤

135. 如何将 CAD 图纸作为参照链接，需要注意哪些事项?

在 Tekla 软件中进行钢结构深化、建模等工作的时候，往往需要将 AutoCAD 的设计图纸链接进入 Tekla 软件的截面视图中，在此过程经常会出现 CAD 图纸链接后无法显示或者偏移至非常远的地方。下面，我们首先学习如何将 AutoCAD 图纸链接进入 Tekla 软件截面视图中。

在 Tekla Structure 中链接 DWG 图纸，点击"文件"菜单下的"输入参考模型"，如图588所示。

弹出参考模型属性对话框，点击文件名选项一栏中的"浏览"按钮，选择需要链接的 DWG 文件，点击确认。然后在参考模型属性对话框中点击应用按钮。如图589所示。

图 588　输入参考模型菜单

图 589　参考模型属性对话框

完成上述步骤后，鼠标光标移动至插入点（即 DWG 图纸的放置点）上，鼠标左键点击放置。

在 Tekla Structure 链接 CAD 文件时需要注意的事项有：

（1）DWG 成功链接到 Tekla Structure 软件中，但图纸在模型非常远的地方。这是因为 CAD 的原点坐标与 Tekla Structure 不匹配导致的。因此在我们使用输入参考模型时，DWG 图纸的插入点为原点，如果 DWG 图纸的模型距离原点十分远，此时插入则会出现图纸在模型非常远的地方。其中 Tekla Structure 软件的原点为 X 轴与 Y 轴交汇处，默认情况下为 A 轴与 1 轴的相交点，如图 590 所示。

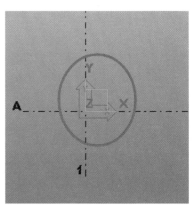

图 590　Tekla Structure 的原点

（2）若 DWG 图纸链接后仍无法看见或显示，有可能 DWG 文件的版本格式过高（不要高于 AutoCAD2007 版本，若高于 2007 版本请转换成为低版本格式）。或是存在中文路径，一般情况下最后将 DWG 文件存在英文名称的文件夹及路径下，因为个别中文名称会被软件判定为乱码而无法识别。

（3）当我们需要将一张立面或剖面图纸链接进入 Tekla Structure 软件的立面视图当中时，需要先对 Tekla Structure 的工作平面进行修改，将其修改成为立面视图即可，此时再链接 DWG 文件，该文件即显示在立面上。

（4）若出现图纸比例不正确的情况时，选择 DWG 文件，双击，弹出参考模型属性对话框，在此对话框中修改比例项数值，默认情况下其比例为 1∶1，重新换算实际比例尺寸输入即可。如图 591 所示。

图 591 　参考模型比例

136. Tekla 有类似 AutoCAD 的 UCS（用户坐标）功能吗？

　　Tekla Structure 软件可通过工作平面来实现类似 AutoCAD 中的 UCS（用户坐标）功能。其中红色的坐标箭头符号表示工作平面，它是模型的局部坐标系统。工作平面也有自己的轴线，可以用于定位零件。Tekla Structures 使用深红色显示工作平面轴线。如图 592、图 593 所示。

图 592 　工作平面

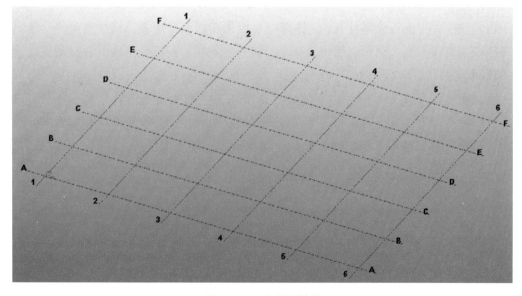

图 593 　工作平面轴网

要显示工作平面轴线，请从捕捉工具栏的第二个列表框中选择工作平面。如图 594 所示。

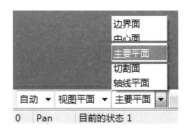

图 594　选择工作平面

具体方法可以通过以下 4 种命令 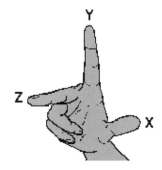 实现：

（1）将工作平面设置为平行于 XY（Z）平面；

（2）将工作平面设置为平行于视图平面；

（3）用 3 点设置工作平面；

（4）将工作平面设为零件顶面。

由于工作平面经常变换，为了便于大家准确找出工作平面 XYZ 轴，使用右手法则：伸出右手的拇指、食指以及中指组成三个直角，此时，拇指就表示 X 轴，食指表示 Y 轴，中指表示 Z 轴。如图 595 所示。

图 595　右手法则

4 种设置工作平面的方法如下：

（1）将工作平面设置为平行于 XY（Z）平面：该命令一般情况下用于重新设置工作平面的用途，我们可以直接通过点击其命令设置 XY\XZ\YZ 轴等面作为工作平面，该命令简单便捷，但是若需要设置某个斜面或者剖面作为工作平面则该命令不适合使用。

（2）将工作平面设置为平行于视图平面：该命令一般情况下用于视图剖面、立面等条件下，其工作平面的 XYZ 坐标与当前视图平面一致。

（3）用 3 点设置工作平面：该命令可以直接捕捉三个点确定工作平面的 XYZ 方向，首先该命令点的第一个点为 XYZ 的交点（原点），第二个点为原点至 X 轴方向，第三个点为原点至 Y 轴方向，其中 Z 轴为垂直于 XY 平面方向并以原点向上延伸。

（4）将工作平面设为零件顶面：该命令一般用在斜面处居多，例如需要将一条斜梁的顶面设为工作平面，则可以使用该命令直接点击斜梁，则工作平面就会自动变成该斜梁的顶面。

综上所述，修改 Tekla Structure 软件当中的工作平面有多种方式，其中每种方法都有各自的特点与方便性，以供用户多元性操作。在工作平面修改过后，我们所做的一些关于坐标操作都会按照工作平面的坐标原理执行，例如使用移动、复制、镜像等命令，都会按照当前的 XYZ 去确定。

137. 如何改变零件显示颜色？

零件的颜色是由"等级"来决定的，要修改零件的颜色，双击零件以打开零件属性对话框，在等级一栏选项中属于相应的数值，取值范围可以为：0 ～ 14。如图 596 所示。

图 596　零件等级

完成上述操作后点击修改按钮，此时构件颜色则被更改。

在等级一栏选项中其等级值对应的零件颜色见表 2。

零件等级颜色　　　　　　　　　　　　　　　　　　　表 2

等级	颜色	
1		浅灰
2或0		红色
3		绿色
4		蓝色
5		青绿色
6		黄色
7		红紫色
8		灰色
9		玫瑰红色
10		水银色
11		浅绿色
12		粉红色
13		橘黄色
14		淡蓝色

138. 如何改变零件、节点的视觉样式（线框、半透明、着色）？

由于在建模当中经常会有一些不必要的构件遮挡了我们所需要捕捉的点和位置，如果使用隐藏又过于麻烦与烦琐，这时可以直接修改零件、节点的表示方式，让其半透明或线框显示，方便操作。

我们可以直接通过快捷命令：Ctrl+1、Ctrl+2、Ctrl+3、Ctrl+4、Ctrl+5 与 Shift+1、Shift+2、Shift+3、Shift+4、Shift+5 修改零件与节点组件的显示方式，其中 Ctrl+（1～5）等命令为修改零件的表示方式，依次为线框、半透明、刷黑色、渲染着色、被选中的对象渲染着色未被选中的透明显示；Shift+（1～5）等命令为修改节点的表示方式，依次为线框、半透明、刷黑色、渲染着色、被选中的对象渲染着色未被选中的透明显示。具体显示样式如图 597 所示。

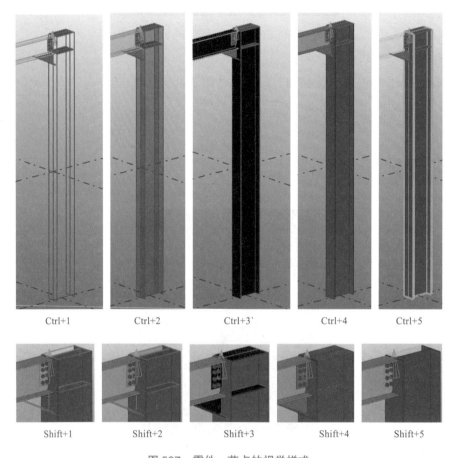

图 597　零件、节点的视觉样式

同时也可在视图菜单栏中点击下拉栏，找到表示法并扩展至零件与所有组成，在此处也是可以调整零件、节点组成的视觉样式的。

139. 零件的切割、裁剪有哪几种方法，各有什么特点？

在 Tekla Structure 当中使用切割一共有 4 种命令 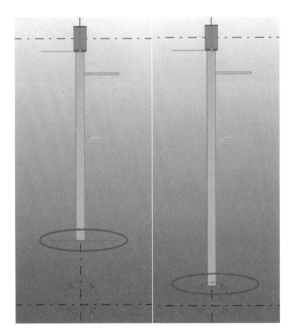 分别为：

（1）对齐零件边缘；

（2）使用线切割零件；

（3）使用多边形切割零件；

（4）使用另一个零件切割零件。

上述 4 种命令当中，对齐零件边缘与使用线切割零件两个命令比较类似。对齐零件边缘的做法为：通过在选取的两点之间创建一条直切割线对齐零件的边缘，这种方法可以理解为：零件的端头、边缘始终平齐切割面，及切割面的位移可以改变零件的末端、边界的位置，例如一根梁，在其一端建立一个对齐零件边缘的切割，该切割面不但可以切割梁的端头，还可以通过切割的延伸，改变梁的长短。如图 598 所示。

图 598　切割的延伸，改变梁的长短

但是使用线切割零件时，其切割面都是将零件的一个末端端头切掉，并不能让切割面改变零件的长短，使用线切割零件的做法与对齐零件边缘的做法相似，唯一多出的一个步骤为创建切割面后，需要选择被切割的一端，从而将那段零件切除。

使用多边形切割零件时，首先需要确保工作平面位于要切割的平面上，例如，如果要在 YZ 平面上创建多边形切割，要先将工作平面设置为 YZ 平面。然后点击命令，选择要切割的零件，然后选取位置点以勾勒出用于切割的多边形，最终点击鼠标滑轮中键用以闭合轮廓及结束命令，完成切割。如图 599 所示。

图 599　多边形切割零件

使用另一个零件切割零件时，其实质就是当两个零件互相交叉碰撞，使用布尔运算，在其中一个零件上进行切割处理，例如当两个梁互相纵横交错并产生碰撞时，我们可以使用另一个零件切割零件这种做法。如图 600、图 601 所示。

图 600　一个零件切割另一个零件

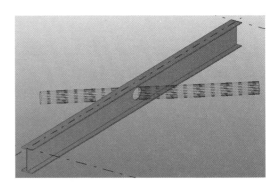

图 601　切割完成结果

在模型中切割对象时，需遵循以下原则：

（1）避开零件面

避免在零件平面上或通过顶点创建切割。尝试将切割定位在零件面以外至少 0.3mm 处。

（2）使用多边形切割

如果可能，请使用多边形切割。切割零件 > 多边形切割命令会自动将切割稍稍延伸到零件表面以外。请注意，创建多边形后，可能需要手动调整控柄的位置。

（3）使用边缘折角

如果可能，请使用边缘折角替代小切割，特别是在组件中。

（4）翼缘切割提示

切割翼缘时，若要提高切割成功率，切割零件还要稍稍切割到腹板（至少 0.3mm）。例如，如果要切割带圆弧的梁，则进一步切割到腹板要比只切割翼缘厚度更有效。

（5）圆管切割提示

使用圆管组件进行圆管切割。此组件可自动旋转切割零件，直到找到成功的切割位置。如果组件切割失败，请略微旋转切割零件，直到找到成功的切割位置。

注意：如果切割失败，Tekla Structures 将使用点划线显示切割零件。会话历史日志文件中会打印错误通知，说明导致失败的零件和切割。要在模型中定位故障，请在会话历史日志文件中单击包含 ID 编号的行。Tekla Structures 将会选择模型中的相应零件和切割。

140. 如何切割或裁剪一个圆弧形洞口？

在 Tekla Structures 中切割或裁剪一个圆弧形洞口，需要首先考虑被切割零件的类型。

在此，我们列举两种类型零件的切割做法：

（1）梁柱零件需裁剪切割圆形洞口

当被切割零件为梁或柱时，需要在其腹板或翼缘板切割出一个圆形洞口，通常使用"多边形切割零件"命令进行切割处理，若存在某个零件穿梁或穿柱通过，需要对梁柱进行开洞的时候，则可以使用"另一零件切割零件"的命令进行切割处理。

下面我们使用"多边形切割零件"命令在梁的中心位置切割一个直径为 100mm 的圆弧形洞口，首先第一步先转入到该切割面的正视图。如图 602 所示。

点击"辅助圆 - 中心点和半径"命令，捕捉到梁的边界线，点击鼠标右键，选择中点，如图 603 所示。

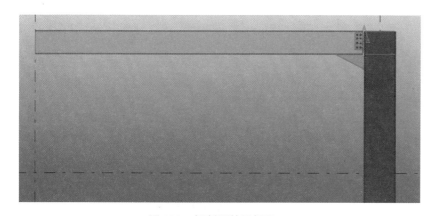

图 602　切割面的正视图　　　　　　　　　　图 603　鼠标右键菜单

捕捉到梁边缘的中点后，点击绘制辅助圆，输入数字定位，确定辅助圆的尺寸半径大小，如图 604、图 605 所示。

图 604　数字定位输入窗口　　　　　　　　图 605　定位

选择辅助圆，鼠标点击右键，选择"移动-线性的"，捕捉到梁底的垂直边缘，输入梁高度的中间值，点击移动按钮，完成上述操作，如图 606 所示。

点击使用"多边形切割零件"命令，首先选择需要被裁剪的零件，然后捕捉到该辅助圆的边界上，绘制多边形切割轮廓，在辅助圆的边界上任意点击生成 3 个切割点，然后按鼠标滚轮中键结束切割命令，此时的切割生成样式如图 607 所示。

图 606　移动窗口

图 607　切割结果

选择多边形切割的边缘，此时会显示三角形的三个角点出来，然后按着键盘的 Alt 键框选上该三角形的三个角点，按着键盘的 Shift 键，在其中一个点上双击鼠标左键，此时会弹出一个切角属性的对话框，如图 608 所示，在对话框中，将切角类型选择圆弧形切角，然后点击对话框中的"修改"按钮命令。

最终即可完成圆弧形洞口的切割，该切割最终效果如图 609 所示。

图 608　切角属性窗口

图 609　切割最终效果

（2）单独钢板零件裁剪切割圆形洞口

若需要在单独一块的钢板上进行圆弧形的洞口裁剪时，则同样可以在该钢板上创建一个辅助线的圆形，然后使用多边形切割零件的命令对该钢板进行切割的处理做法，在此就不作重复的介绍操作步骤，其多边形钢板上的圆弧形切割最终效果如图 610 所示。

图 610   圆弧形切割最终效果

141. 如何创建螺栓，需注意哪些事项？

在 Tekla Structures 软件当中，螺栓是有一定的生成规则与设置规律的，其中螺栓的概念为连接两个零件之间的连接体，与焊缝的原理类似。还有一种情况为附着到单个零件上的附着体，这种情况为剪力钉（STUD）这种螺栓居多。

创建螺栓时需要综合考虑以下注意事项：

（1）需要安装螺栓的零件

在创建螺栓的时候，需要看情况选择被安装螺栓的零件，有时候螺栓只安装在一块钢板上，有时候螺栓安装在两块或更多的钢板上。因此在选择被安装螺栓的零件的时候，我们需要根据实际情况去进行零件的选择，而并不是只选择一个零件，螺栓的最终安装效果如图 611 所示。

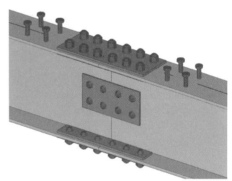

图 611   螺栓安装效果

（2）螺栓群的排布形状

在设置螺栓参数属性中，是可以按间距让螺栓分布生成的，间距的数量值越多，则生成越多的螺栓数，其中螺栓的间距也是存在这 X、Y 方向的，因此螺栓的间距实际上则为控制螺栓的行数与列数。

双击螺栓命令图标或者已创建好的螺栓零件，则可以弹出螺栓属性对话框，在此对话框中螺栓组一项设置里面有三项参数可供设置，包括形状、螺栓 X 向间距、螺栓 Y 向间距。

其中在形状一项参数当中，则有阵列、圆、XY 阵列等三种形状类型可供选择，当中阵列最为普遍使用，阵列形状则为横向与纵向的螺栓按行与列的规则按间距布置，若出现交错布置梅花分布形状的螺栓则不可以使用阵列布置做法。如图 612 所示为阵列布置的螺栓样式。

图 612　螺栓阵列

若出现梅花交错分布的螺栓时，则可以使用 XY 阵列形状布置，如图 613 所示。

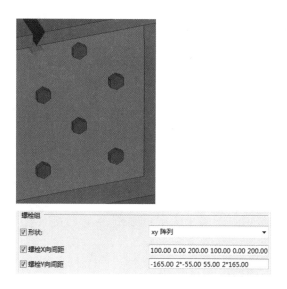

图 613　梅花交错分布

若出现圆形环状布置时，则选择形状为圆，其效果与参数设置如图 614 所示。

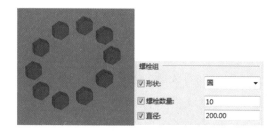

图 614　圆形环状布置

（3）螺栓标准

螺栓的标准可直接改变螺栓的形状样式，在TeklaStructure 软件当中，螺栓标准是在环境库中去添加与修改的，在螺栓标准当中可以选择不同等级的螺栓，其中不同等级的螺栓其直径、长度、样式都有所不同。

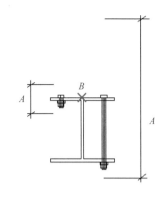

图 615 切割长度

（4）切割长度

用于定义螺栓连接零件的区域。使用切割长度可以确定螺栓是穿过一边翼缘还是两边。TeklaStructures 将使用切割长度值的一半在螺栓组平面的两侧方向搜索零件。在图 615 中，A 是切割长度，B 是螺栓原点。TeklaStructures 将从点 B 开始在两个方向以 $A/2$ 计算搜索面积。

如果切割长度太小（即螺栓组未包含任何零件），TeklaStructures 将发出警告并且将螺栓长度设置为 100mm。

如果在连接零件间的间隔较大，该间隔将加到螺栓长度中。TeklaStructures 将使用第一个表面和最后一个表面间的总距离计算螺栓长度。

如果您要将螺栓长度强制设为某一特定值，请输入一个负的切割长度值（如 –150）。

（5）螺栓的偏移量设置

在螺栓属性对话框中，螺栓的偏移可在"位置"栏下的"从…偏移"栏中设置。如图 616 所示。

图 616 偏移量设置

"从…偏移"栏中，一组螺栓共存在六个方向的设置，其中 X 方向则为起点到终点的方向，Y 方向则为垂直 X 方向的轴，Z 方向则为垂直于 XY 平面的方向。

在"位置"一栏设置中，"旋转"用于定义螺栓组相对于当前工作平面绕 X 轴旋转的角度。例如，可以用该字段指定螺栓头位于连接零件的哪一侧。如图 617 所示。

"在平面上"：为垂直于螺栓组 X 轴移动螺栓组，如图 618 所示。

图 617 绕 X 轴旋转   图 618 垂直 X 轴移动

"在深度"则为垂直于当前的工作平面移动螺栓组。

142. 在 Tekla 中如何运行碰撞检查？

在 Tekla structure 中进行碰撞检查的步骤如下：

（1）选择需要运行碰撞检查的模型对象。

（2）菜单：工具 > 校核和修正模型 > 校核模型（图 619）。

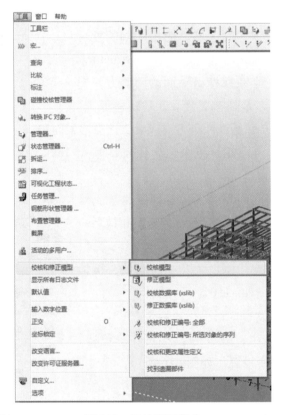

图 619　校核模型菜单

软件即开始进行碰撞检查，状态栏上显示碰撞校核的进度。如果找到碰撞的对象，Tekla Structures 将用黄色高亮显示它们，并显示碰撞校核日志。

另外，我们还可以将多个碰撞合并为一个组，以便这些碰撞视为一个单元。首先选择需要进行分组的碰撞，然后右键单击并弹出菜单中选择组——分组。如果要向已经存在的分组中添加碰撞，请选择这些碰撞和该组，然后重复上述步骤即可。

同时使用搜索框可以根据搜索项查找碰撞。输入的搜索项越多，搜索的越精细明确。例如：输入 column 5211，则只显示符合这两个搜索项的碰撞。

若需要搜索碰撞，请执行以下操作步骤：

（1）打开要从中查找碰撞的碰撞校核对话框，如图 620 所示。

（2）在搜索框中，输入要搜索的词。

（3）如需要缩小搜索范围，请输入更多的字符进行过滤。

（4）若需要重新显示所有碰撞，关闭搜索对话框即可。

标记	编号	类型	状态	优先级	修改日期	对象 ID	构件 ID	对象名称
❋	1	碰撞			2016/7/21 12:16	195401; 195414		
❋	2	碰撞			2016/7/21 12:16	195401; 195424		
❋	3	碰撞			2016/7/21 12:16	194197; 194210		
❋	4	碰撞			2016/7/21 12:16	154490; 154503		
❋	5	碰撞			2016/7/21 12:16	45164; 154199	45167; 154202	BEAM; PLATE
❋	6	碰撞			2016/7/21 12:16	150227; 151061		
❋	7	碰撞			2016/7/21 12:16	141335; 142315	141338; 142316	BEAM (2)
❋	8	碰撞			2016/7/21 12:16	141296; 142315	141297; 142316	BEAM (2)

图 620　碰撞校核管理器

143. 弧形轴网如何创建？

通常我们创建轴网的时候都是使用创建轴线命令或者直接双击新建项目中自带的轴
线进行编辑，但是这种做法只能创建直线轴线，
若要创建圆弧形轴线要用到组件目录下的创建弧
形轴网的插件。

图 621　选择组件窗口

创建弧形轴网的操作步骤为：

（1）按 Ctrl+F 打开组件目录对话框。

（2）从列表中选择"插件"一项。如图 621
所示。

（3）双击半径轴线打开插件属性对话框。

（4）修改轴线属性，在坐标属性中，X 定义
弯曲轴线的位置以及轴线之间的距离。第一个值
是最内侧的弧线半径。Y 定义直轴线的位置以及
轴线之间的距离（以角度为单位）。第一个值定
义轴线如何选择。轴线在当前的工作平面中从 X
轴逆时针旋转。

（5）点击确定按钮。

（6）选择一个点作为半径轴线的放置原点，
生成轴线如图 622 所示。

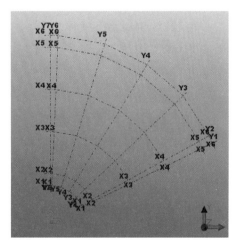

图 622　生成的轴网

261

144. 如何绘制单根轴线？

通常实际项目当中会出现个别的辅助轴线，创建单根轴线的方法是：点击菜单栏中的"建模"下拉菜单，选择"增加轴线"命令，如图 623 所示。

选择已有的轴线组，在其基础上增加轴线，选择完成后，直接使用两点创建单根轴线。创建完成后通过选择开关，打开选择单根轴线开关，双击该单根轴线，弹出轴线属性对话框，在此对轴线添加标签完成即可。如图 624 所示。

图 623　增加轴线菜单

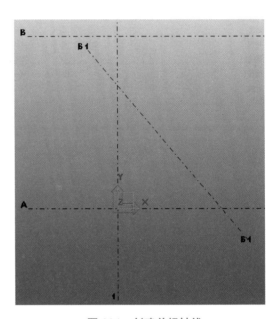

图 624　创建单根轴线

145. 如何修改多边形板的形状？

在 Tekla Structure 软件当中，多边形板的生成方法是根据多边形的顶点相连生成，也就是说我们是通过鼠标点击创建多边形板的控制点而创建多边形的。当我们创建好一个多边形板，再需要修改其形状时，有两种修改方法：

（1）通过控制点中的切角属性，对多边形板的角点进行处理。

（2）通过对整个多边形板进行添加或删除控制点，改变多边形的边数，直接改变形状。

以下我们以一个三角形板举例，说明一下两种修改方法。

首先通过编辑控制点将一个三角形板变成四边形的步骤为：

（1）选择三角形板，然后选择细部菜单栏中的编辑多边形形状命令。

（2）选取三角形板的角点，再点击想绘制的四边形的第四个角点，捕捉此新增角点的下一个连接点（原有三角形板的另一个角点）。

完成上述步骤后，三角形板块则可以由三个控制点变成四个控制点，三角形板就变为了四边形板。

通过修改切角属性将三角形板变成圆形板的步骤为：

（1）选择三角形板，按着键盘中的 Alt 键，然后框选三角形板中的三个控制点。

（2）完成选择后，按着键盘中的 Shift 键，双击其中的一个控制点，弹出切角属性对话框。

（3）修改切角类型为圆弧，如图 625 所示，点击修改按钮。

完成后，三角板被修改成为圆形板。如图 626 所示。

图 625　切角属性

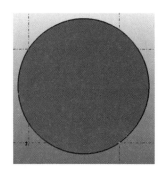

图 626　三角形板变成圆形板

146. 在 Tekla 中有类似于 Revit 的原点坐标吗，若有，如何使用两个软件都基于同一原点的条件下进行工作？

通常 BIM 工作者都会采取多种软件操作建模，最终将各个软件产生的模型整合到一个平台当中。例如用 Revit 创建建筑、混凝土结构和机电模型，用 Tekla 创建钢结构模型，所以，如何把 Tekla 创建的钢结构模型与 Revit 创建的模型整合，是大家经常遇到的情况。

若使用 Revit 建模软件进行建筑专业的模型建模，Tekla 软件进行钢结构专业的建模时，当两者需要进行整合时，如果不是一样的坐标系进行工作，则此时需要对整体模型进行移动的调整才能与之重合。像类似的这种工作其实是可以在项目开展前进行一个坐标原点的统一，避免后期处理原点坐标的工作量增加。

首先，当我们多个专业的人员开展一个项目的时候，必然会使用到各种不同需求的软件，所以统一坐标是建模之前必须考虑的问题。我们可以利用 AutoCAD 图纸文件作为基准定位文件，在图纸当中确定好一个轴线的角点为原点，将整张图纸使用 MOVE 命令移动到（0，0）坐标系上。当我们完成 CAD 原点的移动动作后，将 CAD 文件保存。则此时在 Tekla 软件当中则需考虑我们刚才处理过的 CAD 图纸如何将其（0，0）原点对准 Tekla 软件当中（0，0）坐标原点。具体操作流程与注意事项请参照问题 135。

在 Tekla 软件当中存在着两个坐标系，分别为 UCS 用户坐标与世界坐标，但为了绝对坐标的准确定位，必须使用世界坐标。所以我们要做的是将 CAD 图对齐到 Tekla 软件中的世界坐标。如图 627 所示，左边的为世界坐标，其一般新建项目的时候就在轴线 1 与轴线 A 的交点上，而右边的为 UCS 用户坐标，它是可以根据相关命令进行改变的，具体做法可以参照问题 136。

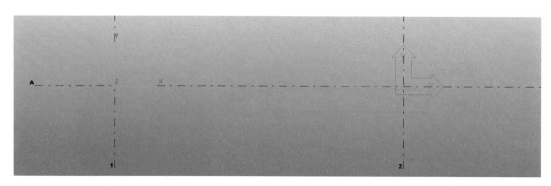

图 627　世界坐标与 UCS（用户坐标）

同时我们需要注意的是 Revit 软件当中的坐标也要一致，所以在 Revit 软件当中链接 CAD 文件的时候，我们直接选择原点到原点的链接 CAD 方式，当 CAD 链接进入 Revit 后，其原本图纸的（0，0）坐标点则会与 Revit 的原点重合。

完成上述的准备工作后，再进行建模作业时，所有模型就都是在同一个坐标系，当完成模型整合后，模型的位置就在正确的位置上了。

147. 如何显示焊缝焊接的实体模型？

在过去的一些旧版本软件当中，是无法实现该功能的，焊缝实体显示的功能是在 Tekla Structure 20.0 版本后实现的一项新功能，在此之前的版本都无法使用该项功能。

若需要将焊缝实体化显示，则需修改视图属性的对象属性的可见性，其具体做法如下：

（1）在视图空白的地方双击鼠标左键（选择视图），弹出视图属性对话框，点击"对象属性的可见性：显示"按钮，如图 628 所示。

（2）在弹出的"显示"对话框中修改"焊接"选项的属性设置，将其表示类型改为精确的。然后点击对话框中的"修改"按钮，完成修改内容，如图 629 所示。

图 628　视图属性

图 629 "显示"对话框

完成的焊缝实体模型如图 630 所示。

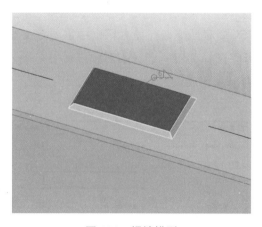

图 630 焊缝模型

148. 如何将 Tekla 模型输出为 IFC 格式文件？

若需要将 Tekla 模型整合到其他 BIM 软件中，可使用 IFC 格式文件。
Tekla 模型输出成 IFC 格式文件的操作步骤如下：

（1）点击"文件"菜单选项，选择"输出"，点击 IFC 按钮，如图 631 所示。

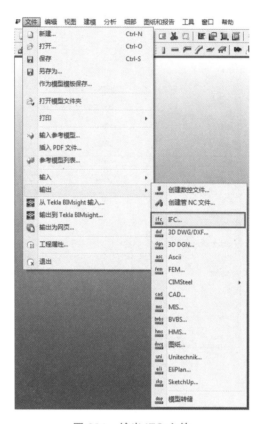

图 631　输出 IFC 文件

（2）弹出"输出到 IFC"对话框，在该对话框中需要定义文件的输出路径与 IFC 的文件名，并且输出方式可以选择为对所选择的对象进行 IFC 的转换与输出和项目的所有对象进行 IFC 的转换与输出。完成设置后，点击"输出"按钮，如图 632 所示。

图 632　输出到 IFC 对话框

149. 如何修改软件界面背景显示颜色？

在 Tekla Structure 软件中其背景颜色默认为蓝底渐变，轴网颜色为黑色，如图 633 所示。

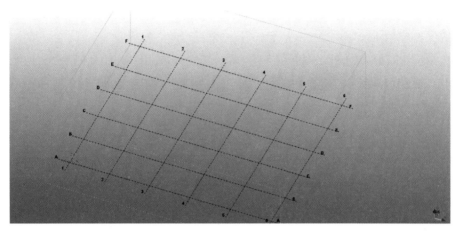

图 633　默认背景颜色

其颜色渐变是由 4 个角的颜色控制，若要纯色，则各个角的 RGB 值则都一致即可。

要更改背景色，按以下操作步骤：

（1）单击工具菜单栏，找到选项菜单，点击高级选项按钮，弹出高级选项对话框，选择"模型视图"选项当中，如图 634 所示。

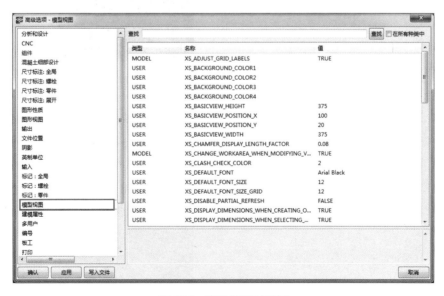

图 634　高级选项对话框

（2）修改如下 4 个名称的背景颜色值：

1）XS_BACKGROUND_COLOR1；

2）XS_BACKGROUND_COLOR2；

3）XS_BACKGROUND_COLOR3；

4）XS_BACKGROUND_COLOR4。

要使用单色背景，则全部四个角都设置相同的值。要使用默认的背景色，请将这四个颜色值保持空白。

注意：使用 RGB（红蓝绿）值（0 ~ 1）定义颜色。使用 0.0 0.0 0.0 则定义为黑色背景，反之使用 1.0 1.0 1.0 则定义为白色背景。对于单色背景，将四个角的颜色值设置为相同的。若为渐变背景，则其值为不同。完成上述设置后重新打开视图才可以起到修改的作用。

下面列举几个示范样例（表 3）：

RGB 值与对应样例　　　　　　　　　　　　　表 3

RGB值	示范样例
1.0　1.0　1.0 1.0　1.0　1.0 1.0　1.0　1.0 1.0　1.0　1.0	
0.0　0.4　0.2 0.0　0.4　0.2 0.0　0.0　0.0 0.0　0.0　0.0	
0.3　0.0　0.6 0.3　0.0　0.6 1.0　1.0　1.0 1.0　1.0　1.0	
0.0　0.2　0.7 0.0　0.8　0.7 0.0　0.2　0.7 0.0　0.8　0.7	

150. 如何在 Tekla 软件中统计钢构工程量（t）并输出成为 Excel 表格数据？

我们可以使用 Tekla 软件在现有模型的基础上创建构件清单、零件清单，螺栓清单等，以便于辅助工程量的统计与成本造价的预算工作。在此我们以一个如图 635 所示的实际钢构厂房为例，统计该项目的材料清单。

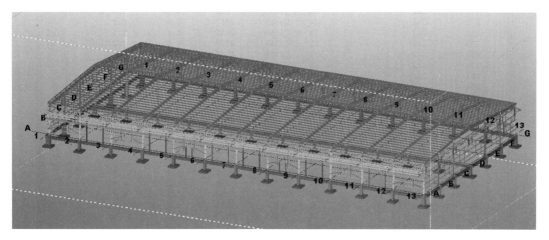

图 635　钢构厂房

首先点击图纸和报告菜单栏，选择创建报告命令，如图 636 所示。

弹出报告对话框，选择报告模板 Part_list（零件清单），点击从"全部的…中"创建按钮，如图 637 所示。

图 636　创建报告菜单

图 637　报告对话框

弹出如图 638 所示清单报告。

清单

报告

零件清单			工程编号：1 工程名称：Tekla Corporation		页码：2 日期：03.02.2016	

零件号	截面	数量	材质	长度(mm)	面积(m2)	重量(kg)
P70	D12	48	Q235B	822	0.0	0.7
P71	D12	24	Q235B	2817	0.1	2.3
P72	D12	24	Q235B	2629	0.1	2.1
P73	D12	11	Q235B	2707	0.1	2.2
P73(?)	D12	1	Q235B	2707	0.1	2.2
P74	D12	48	Q235B	2629	0.1	2.1
P75	D12	48	Q235B	2651	0.1	2.1
P76	D12	12	Q235B	2707	0.1	2.2
P77	H250*125*6*9	20	Q235B	3021	3.0	89.8
P78(?)	H250*125*6*9	2	Q235B	3021	3.0	89.8
P79	H250*125*6*9	4	Q235B	3044	3.0	90.5
P80	PD83*4	26	Q235B	1969	0.5	15.0
P1001	PL20*290	4	Q235B	340	0.2	15.5
P1002	PL20*290	22	Q235B	340	0.2	15.5
P1003	PL12*376	13	Q235B	935	0.7	32.8
P1004	PL8*626	26	Q235B	6332	5.9	181.6
P1005	PL8*107	24	Q235B	680	0.2	4.6
P1006	PL8*107	24	Q235B	680	0.2	4.4
P1007	PL8*916	13	Q235B	5811	9.3	288.9
P1008	PL8*916	13	Q235B	5822	9.3	289.4
P1009	PL25*71	52	Q235B	186	0.0	1.5
P1010	PL25*76	26	Q235B	172	0.0	1.4
P1011	PL10*110	104	Q235B	155	0.0	0.7
P1012	PL10*69	78	Q235B	166	0.0	0.5
P1013	PL10*71	26	Q235B	163	0.0	0.5

确认

图 638　清单报告

注意：上述操作为创建零件清单的做法，若我们需要创建其他类别的清单，则需选择不同的报告模板，如：构件清单（Assembly_list），螺栓清单（Bolt_list）焊缝清单（Weld_list）。

完成清单报告后，若需要将该清单报告单独提取出来，并保存为 Excel 格式文件，则需点击文件菜单栏，选择打开模型文件夹命令，如图 639 所示。

完成上述操作后，将会跳转入模型文件夹目录下，此时找到 Reports 文件夹并打开进入到该文件夹里面，则会存在着刚刚所创建的报告，该报告的格式后缀为 XSR 文件，此类文件可以直接使用 Excel 打开或将该文件直接拖拽进入 Excel 表格当中即可。

图 639　打开模型文件夹菜单

151. 在不使用编程语言的情况下，如何创建基本的自定义参数化节点？

在实际工程项目当中，我们经常会遇到软件自带节点库中所没有的节点，当遇到这种情况的时候，通常我们会需要自定义节点如果在项目当中，此类节点非常多而只是局部的参数有变化，我们可以采取参数化节点的方法有效地减轻工作量并增加工作效率。若此类节点只是单独一个特殊做法，并无过多的类别，则无须制作参数化节点。

创建自定义参数化节点的思路如图 640 所示。

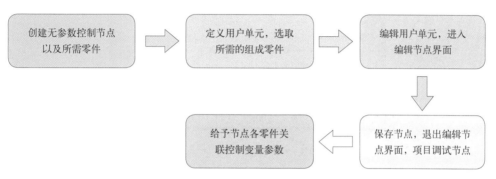

图 640　创建自定义参数化节点思路

在此列举图 641 所示的节点（端板节点）为例说明一下参数化节点的制作步骤：

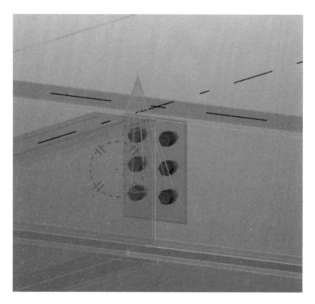

图 641　节点

这个节点所需具备的参数如图 642 所示。

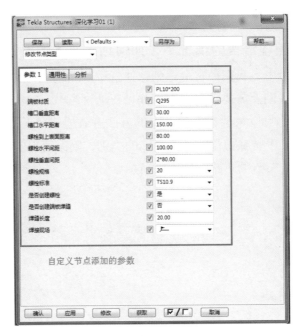

图 642　节点参数对话框

在确定了节点的参数变量后，则可以开始制作节点，流程如下：

（1）创建该节点，其所需零件有端板一块，螺栓一组，上下槽口切割各一个。如图 643 所示。

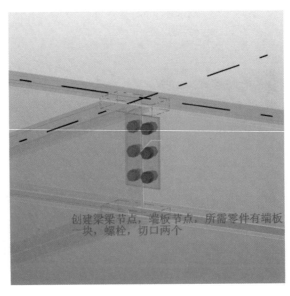

图 643　梁节点

（2）打开"细部"菜单命令，选择成组 > 定义用户单元，如图 644 所示。

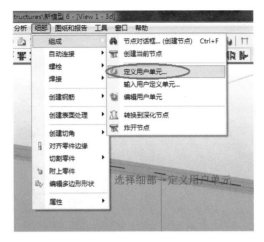

图 644　定义用户单元菜单

（3）弹出用户单元快捷方式对话框，在对话框中需要对节点进行类型的归类、名称的定义、该节点的主次零件主体的拾取。具体操作流程如图 645～图 648 所示。

图 645　单元类型

图 646　选择对象

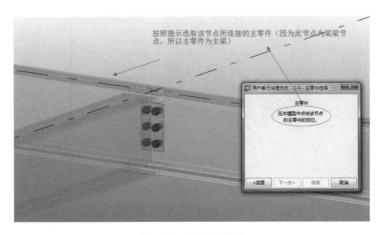

图 647　选择主零件

完成上述步骤后，该节点创建完成，如图 649 所示，但此时的节点并没有任何的参数变量控制。

图 648　选择次零件

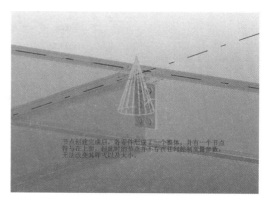

图 649　完成图

（4）选择节点，右键，点击编辑用户单元命令，如图 650 所示。

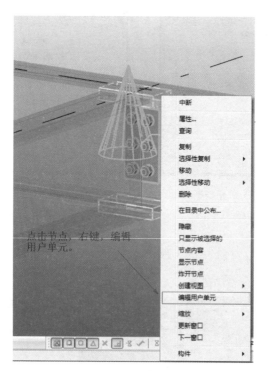

图 650　编辑用户单元

（5）此时会弹出用户单元编辑器和用户单元浏览器这两个对话框，这两对话框的概念与定义如图 651 所示。

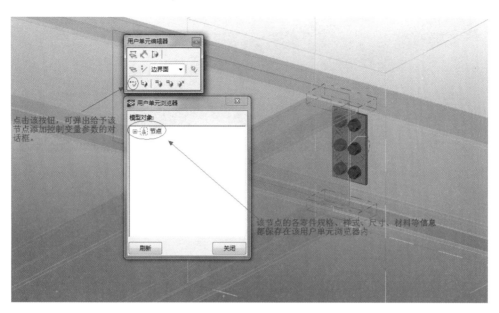

图 651　单元编辑器和浏览器

（6）打开控制变量对话框，在变量对话框中添加参数，该参数的值类型为型材截面，其可见性调为显示，标签名字改为端板规格，如图 652 所示。

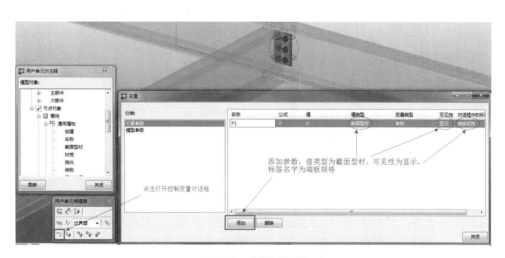

图 652　变量对话框

（7）选中端板，在用户单元浏览器中，在通用属性一项展开，选中截面型材，右键，复制值，然后将该值粘贴到变量对话框中的公式项下，如图 653 所示。

上述的操作中为定义变量 P1 让其目前参数为端板现有状态的参数信息，然而完成目前的操作后，该变量并没有与实际模型进行关联，因此下一步操作为让该参数与端板模型进行关联，实现端板参数化控制，可以直接修改端板的截面参数。

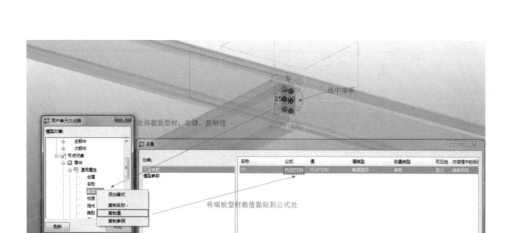

图 653　变量公式

（8）在用户单元浏览器对话框中，展开通用属性，选择截面型材，右键，添加等式，输入 P1，让该端板截面参数与变量 P1 进行关联，完成该操作后，可以尝试通过修改 P1 变量中的公式一项信息去改变端板的规格。如图 654、图 655 所示。

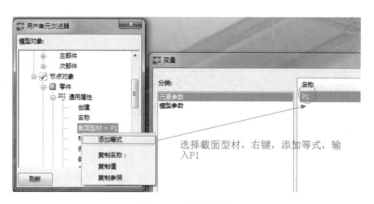

图 654　添加等式

图 655　修改公式

（9）在变量属性对话框中添加变量参数 P2，该变量参数的值类型为材质，可见性调为可见，标签名字改成端板材质。然后在用户单元浏览器中，展开通用属性，找到材质属性，右键添加等式，输入 P2，让其端板材质通过变量 P2 进行控制，具体操作流程图如图 656 所示。

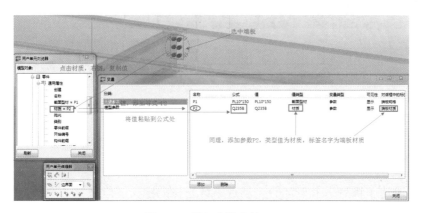

图 656　添加变量参数 P2

（10）定义槽口切割的垂直距离：点击上部槽口切割，选择下部的两个控制点，鼠标右键，选择合并到平面命令。如图 657 所示。

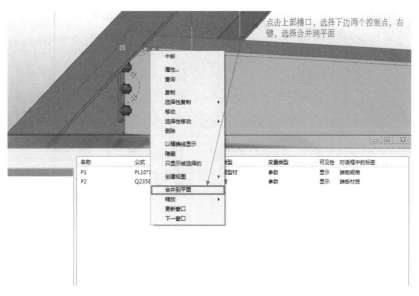

图 657　合并到平面

（11）将用户单元浏览器中的捕捉平面改成主要平面，然后捕捉到梁的上翼缘板的顶面，此时变量参数对话框中会自动生成一个变量 D1，如图 658 所示。

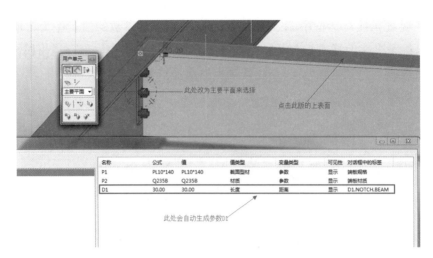

图 658　槽口切割的垂直距离

重复上述动作将另一个下部的控制点进行一样的定义，以及另一个槽口也是一样的操作，但是下部切割槽口的两个控制点需要注意为上部的两个控制点。完成该项重复动作后，在变量参数对话框中会自动生成 D2、D3、D4 等变量参数，此时需要注意的是将该 4 个变量参数的可见性改成隐藏，这样做的目的是让其参数在后台自动控制，如图 659 所示。

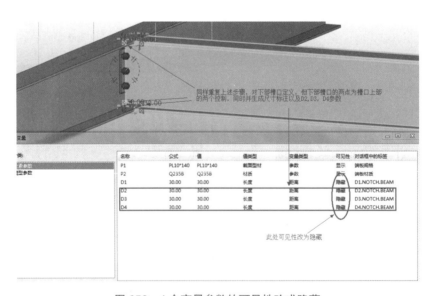

图 659　4 个变量参数的可见性改成隐藏

（12）在变量参数对话框中添加变量参数 P3，该参数的值类型改成长度，可见性设为显示，标签名称改成槽口垂直距离。然后分别在 D1、D2、D3、D4 参数的公式中输入 =P3。如图 660 所示。

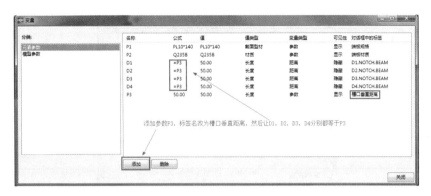

图 660　变量参数的可见性改成隐藏

这样做的目的就是通过修改 P3 参数直接修改 D1、D2、D3、D4 的参数，而 D1、D2、D3、D4 参数的改变直接影响槽口垂直切割的长度。也就是通过修改 P3 这一个变量参数去控制 4 个参数，并且 P3 参数也间接地控制了槽口切割长度。

（13）同理再设置槽口的水平切割距离，注意此时的控制点为竖直方向的四个点，而且所需合并的平面为梁腹板的平面。同时会在变量对话框中生成 D5、D6、D7、D8 参数。同理添加变量参数 P4，其值类型改成长度，可见性设为显示，标签中的名字改成槽口水平距离。操作如图 661 所示。

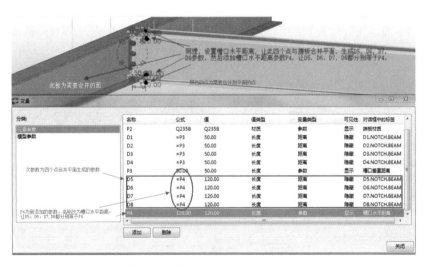

图 661　设置槽口的水平切割距离

（14）由于槽口的切割深度改变，会影响端板的位置，因此我们需要将端板的位置与槽口的切割深度进行相关联的操作。首先双击端板，弹出该端板的属性对话框（梁的属性，此板为用梁的命令绘制，而截面为板的截面。若为多边形板的话则多出两个控制点，需要进行多次控制点约束的做法），将 Dx 参数的末端值归零。如图 662 所示。

图 662　梁属性对话框

　　然后将端板的顶部点合并到梁的上部翼缘板上，此时变量参数对话框中会生成参数 D9，让其可见性为隐藏，该项参数是在后台自动运行的。同时在 D9 公式中输入等式 = –1*P3。因为 P3 为槽口的垂直切割距离，所以要 D9=P3，但是因为方向的相反，因此需要一个乘法运算让其为负值，如图 663、图 664 所示。

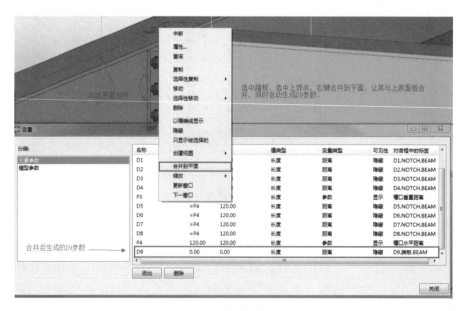

图 663　合并到平面

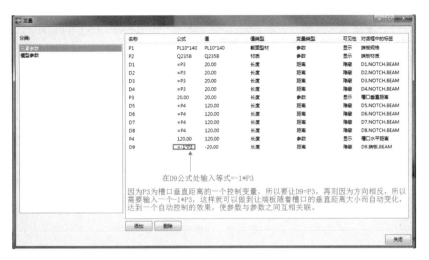

图 664　D9 公式

（15）由于变量 P1 端板规格的修改，该板的尺寸会直接变化，但是若修改厚度的时候，该板是向两端延伸变厚的，而不是贴着梁腹板向另一端变厚。因此需要对其控制点进行约束的限制。首先选中端板，选择该端板的两个控制点，数遍点击右键，选择合并到平面，让其合并到梁腹板的面上，完成合并后在变量参数对话框中会生成 D10、D11 参数。此时添加参数 P5，让 D10、D11 都等于 P5。选中端板，到用户单元浏览器中的型材属性下展开，找到宽度参数，点击右键，复制参照，然后在 P5 变量中的公式处输入 = 并将参照值粘贴 P5。最后将这些参数的可见性改成隐藏，让其后台控制，如图665、图 666 所示。

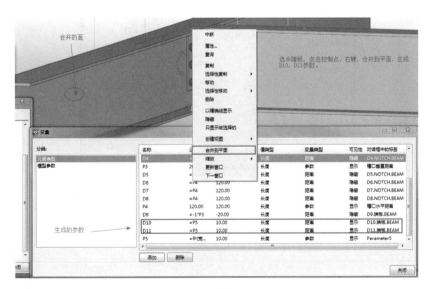

图 665　合并到平面

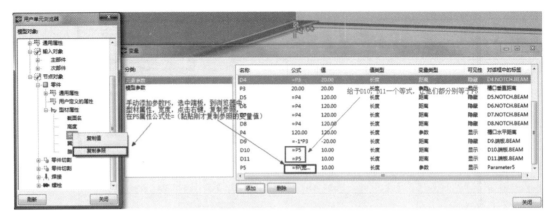

图 666　添加等式

（16）双击螺栓，将螺栓的偏移值归零。如图 667 所示。

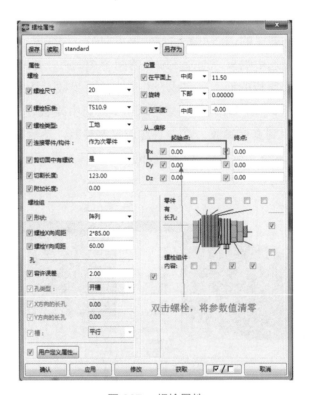

图 667　螺栓属性

（17）选中螺栓，让该螺栓的起始点合并到梁的上翼缘板上，同时会生成参数 D12。如图 668 所示。

（18）添加参数 P6，赋予一个默认值为 100，可见性改成显示，并在标签名字中输入螺栓距上翼缘距离。在 D12 参数中输入等式 = -1*P6。由于要向下偏移，因此需要给予一个负值。如图 669 所示。

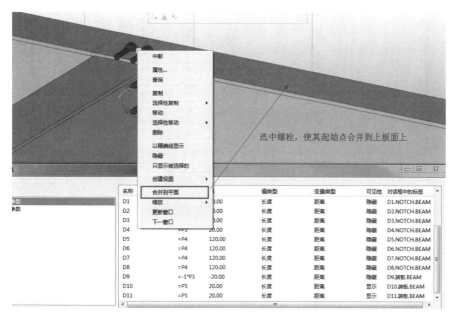

图 668　螺栓的起始点合并到梁的上翼缘板

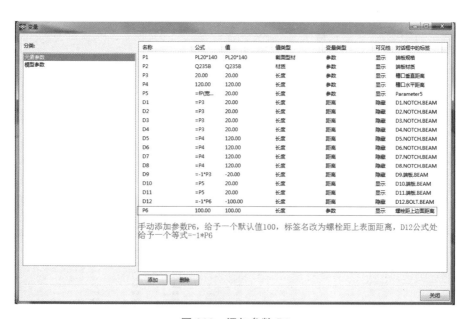

图 669　添加参数 P6

（19）在变量对话框中添加参数 P7，让其值类型改成距离列，可见性为显示，标签
名称改为螺栓水平间距。然后选择螺栓在通用属性一项展开，找到螺栓群间距 y，赋予
一个等式 =P7。如图 670、图 671 所示。

图 670　修改螺栓值类型

图 671　设置螺栓群间距 y

完成上述步骤后，同理添加变量 P8，并设置螺栓群间距 x，如图 672 所示。

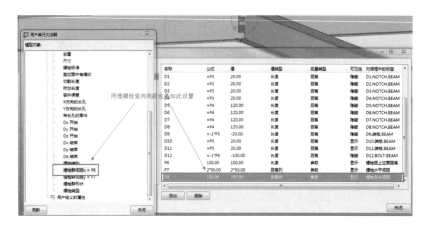

图 672　设置螺栓群间距 x

最终节点参数如图 673 所示。

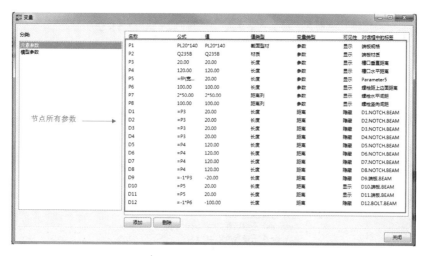

图 673 节点控制变量参数

该节点的控制变量参数如图 674 所示。

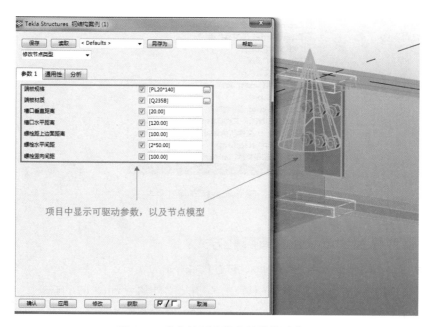

图 674 节点控制变量参数及模型成果

第六章 Showcase

152. 导入到 Showcase 的模型，支持哪些格式？

Showcase 是一款利用 BIM 模型进行快速创建逼真、精确图像的渲染工具，支持模型文件格式如图 675 所示，Revit 导入到 Showcase 常用格式有 rvt、fbx。

图 675 Showcase 支持文件格式

153. 模型导入 Showcase 有哪些方式？

通常从 Revit 模型导入到 Showcase 的方式如下：

（1）一般情况都是先将 Revit 模型导出为 .fbx 文件格式如图 676 所示。

（2）再通过 Showcase 导入 .fbx 文件如图 677 然后保存为 Showcase 文件格式。

也可以通过 Revit 软件自身的软件"suite 工作流"将 Revit 模型导入到 Showcase 场景中，如图 678 所示（Suite 工作流是一种机制，用于将建筑模型从 Revit 导出到目标应用程序，以获得详细的渲染或动画。Suite 工作流可在相同版本年份的产品之间使用。例如，可以在 Revit 2015 和 Showcase 2015 之间使用工作流）。

最后，可以直接用 Showcase 软件打开 Revit 模型文件进行渲染，如图 679 所示。

图 676　Revit 导出 fbx

图 677　Showcase 导入 fbx

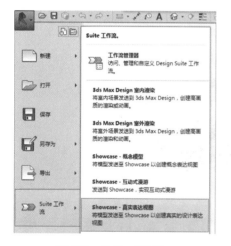

图 678　Suite 工作流

图 679　Showcase 直接打开 Revit 模型

154. 如何分类批量导入模型?

目前 Showcase 在选择模型时是以材质进行分类选择的,如图 680 所示。

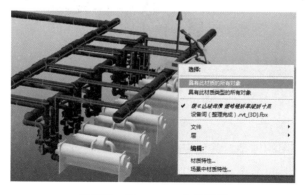

图 680　Showcase 文件选择

所以导出模型时都要分系统分专业进行导出。以冷冻机房为例：

（1）先将 Revit 机房模型按专业或系统单独导出；利用 Revit 可单独隔离或隐藏其他模型（将机组设备与冷却水供水隔离出来，见图 681）。

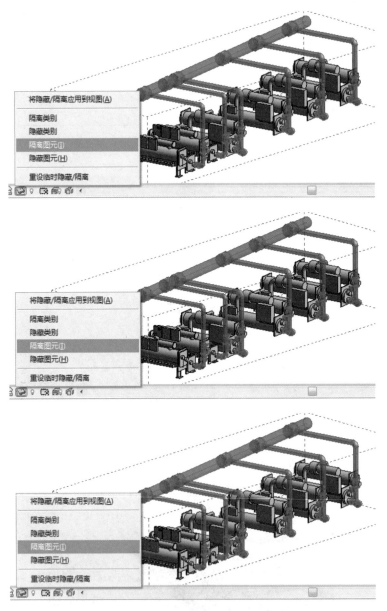

图 681　Revit 隔离模型

（2）导出当前视图的模型，其他专业也是用相同的方法分别导出；

（3）把 Revit 导出的多个模型分别导入 Showcase，赋予材质并保存为 a3s 格式文件，最后保存文件为设备机房，如图 682 所示。

图682 设备机房

155. 在 Showcase 如何编辑材质？

Revit 模型导入 Showcase 中是白模，是 Revit 默认的灰色材质，一般把不同专业不同系统的模型用材质区分。在 Showcase 场景中，选择相同系统或相同专业的对象赋予材质。点击 Showcase 功能区 > 外观 > 材质库，在材质库中选择合适的材质右键"指定给当前选择"即可，如图 683 所示。

图683 指定材质

如果要编辑材质颜色或贴图，在"场景中的材质"下面选择对应的材质，双击鼠标左键或点击材质右键菜单，选择"特性"，如图 684 所示。

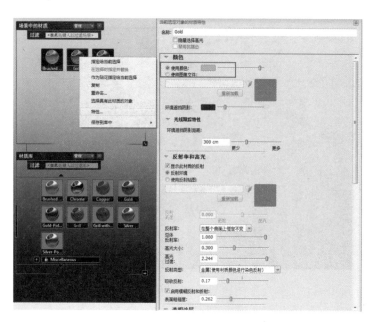

图 684　编辑材质

当要编辑物体材质颜色时直接在材质特性修改颜色，如要对材质进行修改贴图就先激活材质贴图，然后在贴图选项栏替换贴图，如图 685 所示。

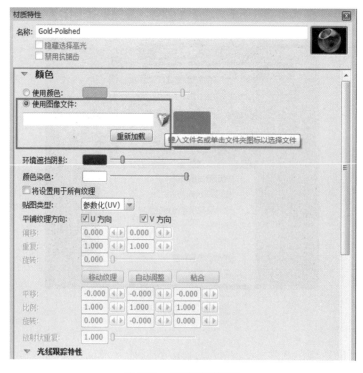

图 685　编辑材质贴图

156. 如何在 Showcase 创建展示动画？

Showcase 动画制作中分为两种，分别是"行为"与"快照"，如图 686 所示。

（1）"快照"有四种类型，分别是静止、电影式、起点到终点、从文件导入：

1）静止：是一张单帧的图片加上转场效果；

2）电影式：包含动态观察、放大、缩小等，如图 687 所示，按已经做好的动画路径，直接套用；

3）起点到终点：是可以根据场景设置开始帧与结束帧；

4）从文件导入：是从动画或文件导入。

图 686　动画制作的方式

图 687　快照类型

制作快照的方法：在功能选项卡：故事 > 相机快照（或者直接创建快照），选择不同的制作类型即可，如图 688 所示。

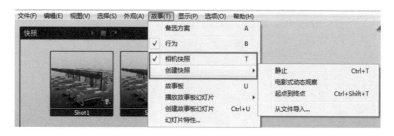

图 688　创建快照动画

（2）"行为"分为转盘、关键帧动画、导入 FBX 动画三种如图 689 所示。

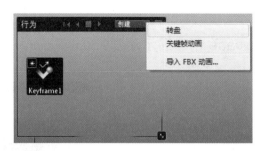

图 689　行为类型

1）转盘：相当于 360°旋转展示。创建转盘动画，选择功能选项卡：故事 > 行为 > 创建；第一步设置旋转轴，根据动画需要的位置将旋转轴调整场景；第二步设置关联选择对象，选择要展示的对象，在转盘特性点击"关联对象"；第三步，调整方向、转盘速度如图 690 所示。

图 690　转盘动画

2）关键帧动画是针对单独特殊对象赋予单独表现的动作，操作方法如下：

①选择功能选项卡：故事 > 行为 > 创建选择关键帧动画；

②双击"Keyframe"选择要创建行为的对象，并关联选择；

③然后针对对象的行为捕捉关键帧如图 691 所示。

创建"故事板"：选择功能选项卡 > 故事 > 故事板 > 创建故事板幻灯片，如图 692 所示。

图 691　关键帧动画

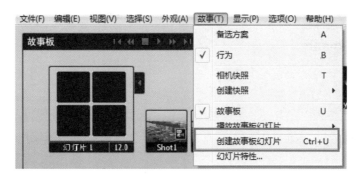

图 692　创建故事板

双击故事板，添加关联"行为"或"快照"动画，可以将做好的动画或快照都添加到同一故事板，如图 693 所示。

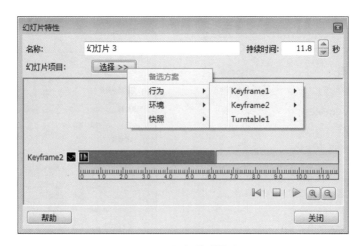

图 693　添加关联故事

制作好的动画还可以发布成影片，选择功能选项卡 > 文件 > 发布影片，如图 694 所示。设置发布影片内容、质量和格式、发布位置，点击"发布影片"如图 695 所示。

图 694　发布影片命令

图 695　发布影片

157. 如何在 showcase 中设置输出效果？

在 Showcase 场景中调好相机角度，然后按如下步骤：

（1）选择功能选项卡：视图 > 相机特性，如图 696 所示。

（2）调整相机参数设置，如图 697 所示。

图 696　打开相机

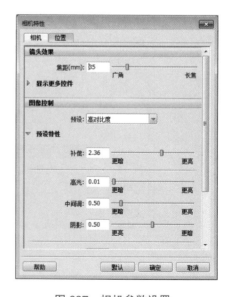

图 697　相机参数设置

（3）打开光线追踪控制面板，如图698所示，设置"性能和质量"的"硬件渲染"和"交互式光线追踪"的选项值，点击确定，如图699所示。

图698　光线跟踪设置

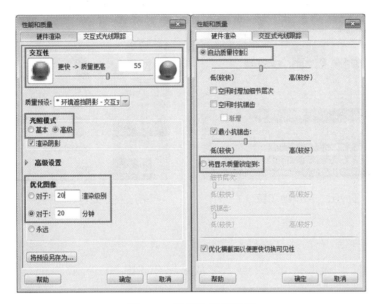

图699　性能和质量设置

158. 如何在showcase替换场景背景？

在打开Showcase软件时默认的场景背景是灰色背景，当把文件导入时默认优先选择系统默认场景，但是Revit文件通过suite工作流套件直接转换到Showcase场景时，Showcase场景背景是随机分配的，如果要选择合适的场景背景，则需替换场景背景，方法如下：

（1）在Showcase场景中点击"光照环境和背景"，选择合适本项目的场景，如图700所示。

图700　打开光照环境和背景

（2）在打开"光照环境和背景"后再点击选项卡中的"库"，包含场景中的环境与环境库，在环境库中有几何体背景、无限背景两部分。如图 701 所示。

（3）自定义场景背景，在场景中的环境中点击已选定的背景右键 > 特性 > 编辑背景，如图 702 所示。

图 701　库中的场景

图 702　环境特性

（4）在"光照环境和背景特性"编辑菜单中选择"背景"，选择图片文件夹更换图片修改背景图片，以及其他背景参数，完成后保存如图 703 所示。

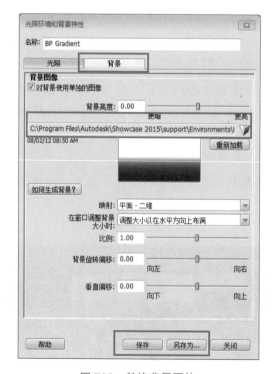

图 703　替换背景图片

159. 在 Showcase 场景中有没有类似 Revit 可见性/图形替换那样的控制场景模型的功能？

在 Revit 场景中可以通过"可见性/图形替换"控制场景模型可见性，更贴近工程行业的习惯。同样 Showcase 场景中有"场景管理器"来管理控制模型的可见性。

选择功能选项卡：编辑 > 场景管理，在场景管理器，可以点击"选择对象"、"不选择对象"、"显示选择对象"等功能，如图 704 所示。

图 704　场景管理器

要添加新的空文件夹，请单击  图标，要重命名文件夹，请双击其名称并键入新名称如图 705 所示。

图 705　新建文件夹

要移动文件夹或文件夹下的对象，选择要移动的对象或文件夹，按住 Shift 键可选取连续对象，按住 Ctrl 键可逐个选取对象，或从当前选择中删除一个对象。

拖动选定对象并将其放置在文件夹下，如图 706 所示。

图 706　移动文件夹

单击"分组"图标，将选定的一组对象或文件夹直接移动到新文件夹中，如图 707 所示。

图 707　移动分组

然后，可以重命名新创建的组文件夹，如图 708 所示。

要删除文件夹，选择要删除的文件夹，单击"回收站"图标如图 709 所示。

图 708　重命名组

图 709　回收站

160. 如何在 Showcase 设置灯光以及阴影？

Showcase 场景中系统默认不带灯光与阴影，需要我们调整亮度、灯光高度、阴影位置。

点击 Showcase 场景中"调整光照"分别对光源、阴影、亮度级别设置，如图 710 所示。

在 Showcase 场景中可以创建 Spot Light（聚光灯）和 Point Light（点光源）两种灯光，如图 711 所示。

图 710　调整灯光

图 711　灯光类型

聚光灯创建方法：选择功能菜单：外观 > 重点照明，打开重点照明界面；创建 > 选择性聚光灯 > 聚光灯特性，选择关联照明对象，调整灯光参数包括颜色、强度、衰减度等，如图 712 所示。

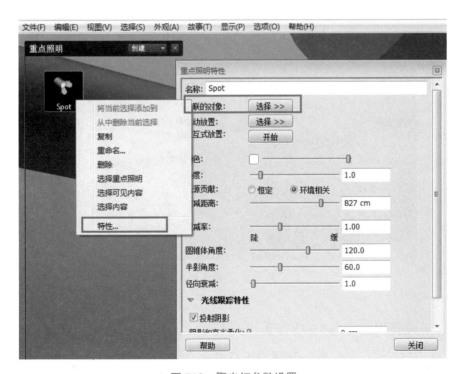

图 712　聚光灯参数设置

点光源方法：创建 > 选择性点光源 > 点光源特性，选择关联照明对象，调整灯光参数，如图 713 所示。

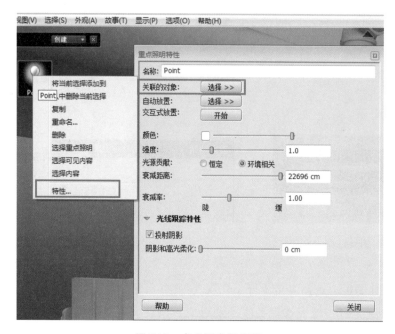

图 713　点光源参数设置

设置的灯光效果如图 714 所示。

图 714　灯光效果

161. 如何在 Showcase 创建多方案对比？

为了方便用户评审新产品，Showcase 开发了 Alternatives（备选方案）功能。它可以把新产品的可见性、材质配色、位置等集成在备选方案里。

创建备选方案：功能菜单：故事 > 备选方案，在备选方案列表点击创建可见性列表、材质列表、位置列表如图 715 所示。

创建可见性列表，点击列表"添加备选方案"，如图 716 所示。

图 715　创建方案列表

从场景中选择添加对象到备选方案，如图 717 所示。

图 716　添加可见性备选方案

图 717　添加模型

创建材质列表，点击列表"添加备选方案"，如图 718 所示。

从场景中选择添加对象到备选方案，如图 719 所示。

创建位置列表，点击列表"添加备选方案"，如图 720 所示。

图 718　添加材质列表

图 719　材质列表

图 720　添加位置方案

从场景中选择添加对象到备选方案，如图 721 所示。

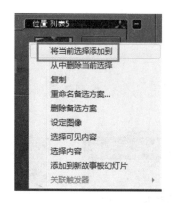

图 721　位置列表

可见性备选方案就是控制视图物体对象的隐藏与显示，如图 722 ~ 图 724 所示为多个备选方案范例。

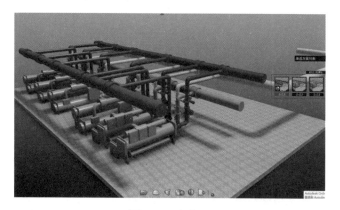

图 722　方案 1

图 723　方案 2

图 724　方案 3

第七章 Fuzor

162. 如何将 Revit 模型（包含链接文件）导出成 Fuzor 格式文件浏览？

安装完 Fuzor 软件后（注意要先安装 Revit），Revit 软件当中会多出一个 Fuzor
Plugin 选项卡，如图 725 所示。

图 725　Revit 中的 Fuzor 插件命令

此时打开项目，点击该选项卡中的 Launch Fuzor 图标按钮，则弹出 FuzorRevit
Documents Manager 对话框，在该对话框中，如果打开的 Revit 项目文件存在着其他的
链接文件，那么这些链接文件也将被显示在该对话框里面，并且可以对这类链接文件选
择性是否导出 Fuzor 文件。如图 726 所示。

图 726　选择导出文件管理窗口

勾选要导出的内容，点击 OK 按钮导出，若该对话框所有的链接文件都需要导出，则可以点击"Select All"按钮全选，然后点击 OK 按钮导出。

导出完成后系统将会自动开启 Fuzor 软件并读取模型文件。

163. 如何将 Fuzor 的 che 文件转成 exe 文件（无须安装软件浏览）？

当把 Revit 的模型文件输出到 Fuzor 软件当中后，Fuzor 保存后将会生成一个 che 后缀格式的项目文件，可以进行编辑。最终把模型提交给客户时可以导出一个可直接运行的 exe 文件，该 exe 文件包括了模型和程序，用户无须安装 Fuzor 软件即可打开该文件进行模型浏览，但是并没有编辑修改和成果输出等功能。

若需要将 Fuzor 软件的 che 格式文件输出成 exe 格式，则在 Fuzor 导航控制菜单一栏中，点击保存 / 加载 Fuzor 缓存文件选项，弹出如图 721 所示的菜单栏，点击创建 EXE 浏览器，需要注意的是导出的 exe 文件有 32 和 64 位两种选择，要根据运行该 exe 文件的电脑的操作系统是 32 还是 64 位进行选择，如果模型较大，运行的电脑操作系统又是 64 位，应选择导出 64 位的 exe 文件，否则运行该文件时可能出现内存空间不足的问题。最后选择文件的保存位置即可（图 727）。

完成上述步骤后，Fuzor 则会对模型进行输出，等待输出进度条完成即可。

图 727　导出 exe 文件

164. 在 Fuzor 软件当中如何制作视频动画和输出？

Fuzor 软件可以进行录制视频动画以及视频的成果输出的。在相机设置菜单栏当中，点击截屏和视频控制选项，则有如图 728 所示命令可供操作。

其中左边为图片截取与输出功能，右边为视频制作功能。在图 728 中可看出视频一共有 3 种录制做法：视点动画编辑、录制漫游视频、DK2 视频录制。

其中视点动画编辑的原理为两个关键帧之间形成一个连贯性的动画。录制漫游视频则为录屏动画。DK2 视频录制为 VR 虚拟现实动画录制，其中 DK2 视频录制需配合 VR 虚拟现实眼镜方可操作。

图 728　图像和视频输出

以下以优比咨询服务项目：东莞鼎峰商业广场为例，说明一下视点动画视频的编辑录制步骤。

点击视点动画编辑按钮，转跳到如图 729 所示界面。

图 729　动画编辑

在该界面中点击如图 730 所示相机图标按钮，即可拍照保存关键帧，两个照片关键帧之间就形成一个动画录像。

当每个关键帧捕捉完成后，可点击三角形图标的播放按钮预览动画效果。完成上述的操作后，可将视频输出以便使用普通的播放器播放，则点击渲染电影命令，弹出如图 731 所示对话框。

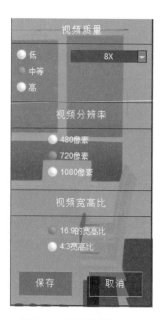

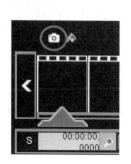

图 730　保存关键帧按钮　　图 731　视频质量窗口

在该对话框中设置好视频质量参数后，点击保存按钮，选择好视频文件的保存路径位置，等待视频渲染输出完毕即可。

录制漫游视频功能使用方法：点击图728中录制漫游视频按钮，弹出如图732所示操作界面。

点击该界面当中的红色圆圈按钮命令则为开始录制，当开始录制后，红色圆圈图标命令为变成白色正方形图标，该图标命令为结束动画录制的按钮。

图732　录制模型实时漫游的视频

完成动画录制后，点击三角形图标按钮可以预览播放视频。点击磁盘图标按钮为输出视频，设置视频质量参数然后选择视频文件的保存位置即可输出。

165. 在 Fuzor 软件当中对模型进行了编辑修改，如何将变更同步到 Revit 源文件中？

Fuzor 这款软件是可以对模型进行一些基本的编辑与修改的，通常在模型浏览检查时发现问题后，在Fuzor 软件中直接进行模型的编辑与修改，然后将编辑修改过后的内容映射到 Revit 的原文件当中，Fuzor 在Revit 的插件会对模型进行自动更新。

以下例子为在 Fuzor 软件中放置一个桌子，然后映射到 Revit 中。

首先点击工具控制菜单栏，选择放置族选项，会出现如图733所示的菜单栏选项框。

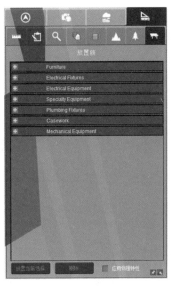

图733　放置族窗口

在该选项框当中，是可以选择项目中包含的族进行创建放置的。如果项目中并没有这类族的文件，则无法在 Fuzor 中放置族。因此如果我们需要放置一个桌子，则前提条件为该项目已经存在着这个桌子的族。

我们可在图 733 中的选项框选择族进行放置，放置时需要注意，如果族的位置需要旋转则需按着键盘的 Shift 键然后移动鼠标即可，位置确定好后，点击鼠标左键即可完成放置。如图 734 所示。

图 734　放置桌子

完成上述的操作后，Fuzor 模型当中则会多出了一个桌子在内，然而此时 Revit 的模型并未有及时由 Fuzor 映射更新，因此我们需要回到 Revit 软件当中进行相关操作执行模型映射更新命令。

在 Revit 中点击 Fuzor Plugin 选项卡当中的 Request Sync Back 命令。如图 735 所示。

图 735　Revit 中的 Fuzor 插件选项卡 Request Sync Back 命令

弹出如图 736 所示对话框，点击 Continue。

图 736　Fuzor 提示

　　完成上述操作后将会弹出族选择的对话框，若项目中已经存在了该族文件，点击取消即可。然后弹出如图 737 所示的对话框。

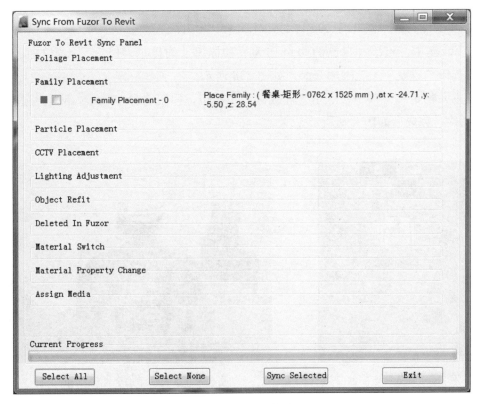

图 737　从 Fuzor 同步到 Revit

　　在该对话框中，列出涉及修改、增加、删除的构件，勾选需要同步的内容，点击对话框中的 Sync Selected 按钮，即可完成模型的更新。

166. 在 Fuzor 软件中第三人的基本操作有哪些？

Fuzor 软件当中开启人物控制模型（第三人显示控制）后，则为实时漫游，类似于人物 RPG 游戏场景，第三人可在项目模型当中根据控制随意走动。

其中人物的控制是根据鼠标与键盘进行控制的，其基本操作如下：

（1）鼠标左键：选择物件。

（2）鼠标右键：原地不动，移动鼠标为视角移动。

（3）鼠标中键：点击鼠标中键人物向前走，移动鼠标改变行走方向。

（4）键盘 Shift 键：人物跑步

（5）键盘空格键：人物跳跃

（6）键盘 W、A、S、D、↑、←、↓、→ 键：人物上下左右移动行走。

第三人的基本操作如上，可根据上述操作进行组合性技巧使用，使得控制更为简便。例如：Shift+W= 向前跑，此时配合鼠标右键，改变跑动的方向。

167. 如何在 Fuzor 中为第三人添加 LOGO？

在 Fuzor 中，可添加自己的 logo 作为一种标识性的显示。但第三人中的主人物定制只有选择"建设"才能添加 logo，如图 738 所示。

在主人物定制窗口中，点击"加载标识"按钮，弹出选择 Logo 对话框，选择你的 Logo 图片，完成后如图 739 所示。

图 738　主人物定制窗口

图 739　主人物添加个性化 Logo

168. 在 Fuzor 当中如何隐藏模型构件或半透明显示？

在 Fuzor 当中相机设置菜单栏下可视度控制可以隐藏模型构建和半透明显示，如图 740 所示。

图 740　可见性过滤窗口

　　鼠标左键点击选中的模型构件后，上述可见性过滤列表将会展开至选中的物件，此时若需要将其隐藏，则需点击列表项左边的小眼睛图标关

图 741　透明控制

闭小眼睛，物件则会被隐藏。若需要将物件更改成半透明显示，则点击小眼睛旁边的色盘，弹出如图 741 所示的控制栏，将其控制点拖拽至中间即可。

　　通常这种做法应用在天花板处较为多，因为天花板上部的机电管线会被天花板说遮挡，无法展示构件。按照图 741 所示的控制条，其越往左边拖，透明度越高，右边则相反。最终半透明显示效果如图 742 所示。

图 742　控制天花板的透明度

　　注意：半透明显示需要在"真实模型"显示状态下才会起作用。

169. 在 Fuzor 当中鼠标右键开门默认为门消隐，如何将其设定为门扇打开的动作？

通常模型中的门都是关闭状态的，当漫游到门口需要通过时，可对着门点击鼠标右键，门则会消隐让你通过。如果希望门扇具备打开的动作，则需要添加门的开启动作效果，需在场景设置菜单栏中对门开启调节选项进行设置。如图 743 所示。

以双扇门的开启动作为例。首先选中需要制作动画效果的门，点击门开启调节选项中的"自定义选择的门"，选择门的类型为双扇门，此时门的两边会出现两条黄色的轴，如图 744 所示。

图 744 中黄色轴为门的旋转开启轴，由于该扇门为双扇门，因此会有两个旋转轴。由于门通常都有门框，所以需要把轴心向内移动至门框内侧，否则将会导致门的开启旋转动作连带着门框一起旋转。点击门开启调节选项中的移动轴命令按钮，黄色轴

图 743 门扇打开设置窗口

将会出现一个箭头，点击箭头拖拽可移动轴的位置。同理另一个轴的移动则为门开启调节选项中的"移动轴 2"。

完成轴的移动后，确定好门开启的旋转轴，接下来则为确定门的动画影响范围，其意思为门的开启旋转动画中，门的大小范围确定。由于门有，门框的，所以门的开启旋转不能影响到门框，否则门框也会跟随着旋转开启。点击门开启调节选项中的"动画影响范围 1"，此时则会出现一个范围填充在门上，如图 745 所示。

图 744 门旋转轴

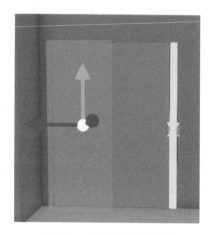

图 745 门动画影响范围

点击图 745 中的方向箭头，将范围缩至门的边框内部。同理点击门开启调节选项中的"动画影响范围 2"设置另一扇门的门扇。完成上述操作步骤后，点击门开启调节选项中的预览命令可观看门的开启效果。点击门开启调节选项中的应用命令完成动画制作并退出。完成上述所有步骤后，此时在项目中点击鼠标放在门上点击鼠标右键，即可触发门扇打开动作。

170. 在 Fuzor 当中如何快速找出不满足净高要求的地方？

在 Fuzor 当中的工具菜单栏中的测量工具选项下，有一个净高分析的命令按钮，如图 746 所示。

点击图 746 中的净高分析按钮命令，弹出图 747 所示的净高分析对话框，在该对话框中设置好高度检查值（最小净高要求值）后，点击计算按钮，软件将会自动执行命令，查找出不符合净高要求的地方。

计算完成后，不符合要求的区域将会以列表形式出现在图 747 的对话框中，点击这些不满足净高要求的列表，将会转跳显示出该区域不满足净高要求的构件，如图 748 所示。

图 746　净高分析窗口

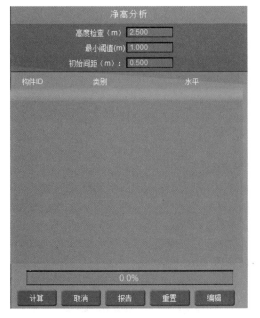

图 747　净高分析设置和结果

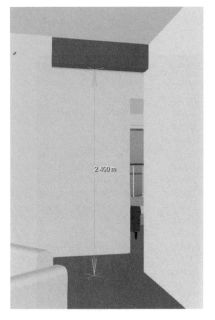

图 748　不满足净高的情况

171. 在 Fuzor 软件当中如何根据照明设备的真实参数显示灯具的光照亮度?

如图 749 所示为 Fuzor 中灯光的照明显示效果。

图 749　灯具照明效果

Fuzor 可以通过调整灯具的参数，改变照明的亮度、色温等效果。

选中所需更该参数的照明设备，在右上角构件属性对话框中，点击调整灯光设置。如图 750 所示。

完成上述操作后，将会弹出如图 751 所示的"光控制"对话框，可在此对话框中对灯光进行参数的调整设置，从而影响灯光的显示效果。

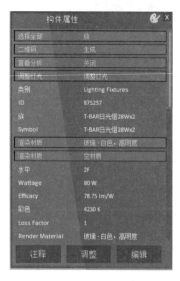

图 750　调整灯光窗口

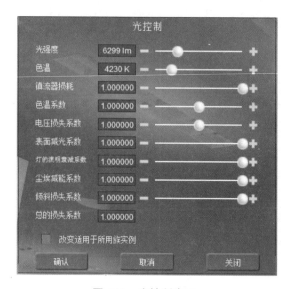

图 751　光控制窗口

第八章 Lumion

172. 如何把 Revit 模型导入到 Lumion，有哪些格式？

Lumion 是一个实时的 3D 可视化工具，可以在短时间内就创造惊人的建筑可视化效果。Sketchup、Autodesk 产品和其他主流的 3D 软件创建的模型都可导入。例如：skp、dae、fbx、max、3ds、obj、dxf。如图 752 所示。

安装完 Lumion 软件后（注意要先安装 Revit），Revit 软件的附加模块会出现"Export To Lumion"，如图 753 所示，点击后，参数设置按默认即可。

注意：导出模型文件名要使用英文，中文名有时会出现意想不到的问题。

图 752　支持文件格式

图 753　导出 Lumion 菜单

在 Lumion 新场景中选择菜单：物体 > 导入模型 > 外部导入 > 放置模型，把模型导入到 Lumion 场景中，如图 754 所示。

图 754　模型导入

173. 为什么 Revit 模型导入 Lumion 后无法在场景中放置？

有以下几种可能的情况：

（1）Revit 转 Lumion 的插件不是最新版。

（2）Lumion 软件不是最新版，最新的版本都会修复一些旧版软件的错误。

（3）Revit 转 Lumion 的文件过大，请分专业、分层或分区导出来。

（4）文件名或文件名路径采用中文也会出现这种情况，载入的中文名文件会变成乱码，如图 755 所示。

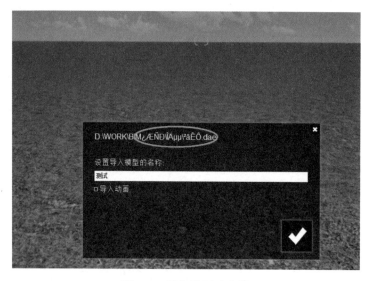

图 755　导入模型时出错

174. 为什么 Revit 模型在 Lumion 中修改材质时模型会变黑？

有以下几种可能的情况：

（1）Lumion 软件的安装路径或者计算机用户名存在中文字符，请安装在纯英文字符的计算机路径里，还要确定 Lumion 工程文件夹为英文路径即可，如图 756 所示。

图 756　Lumion 工程文件夹

（2）导出的 Lumion 文件存在中文字符，把文件名改为英文字符再导入 Lumion 即可。

175. 为什么没有叠面的 Revit 模型在 Lumion 中也会出现闪面?

可能导出的多个 Lumion 文件存在重复导出,并且重复图元在 Lumion 的材质不同,就可能出现闪面。闪面的问题也可以在 Lumion 里面的功能处理。编辑相应的材质时,给这个材质设置一个"减少闪烁"参数,如图 757 所示。

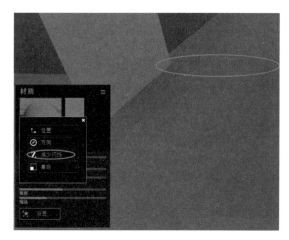

图 757 "减少闪烁"设置

也可能是两个物体表面的距离比较小,也会引起闪面,处理方法同上,如图 758 所示。另一个原因也可能是模型构件太薄时,无法遮挡下一层的材质贴图,所以出现闪面,将构件厚度适当加大就可以了。

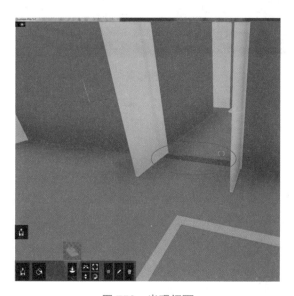

图 758 出现闪面

176.Lumion 如何在建立场景时添加园林景观地形、水体（河流、湖泊）?

Lumion 新建场景中有平地场景、山地场景、黄昏场景、夜间场景、雪景、山川河流、湖泊、海边沙滩等场景。创建园林景观地形、河流、湖泊可以通过两种方式创建：

方式一：使用建模软件创建，如 Revit、Sketchup、3ds Max 等，创建完成地形导入场景中，添加相关材质；

方式二：直接在 Lumion 场景创建。Lumion 自带创建园林景观地形、水体（河流、湖泊）等功能，使用起来更便捷。以下是 Lumion 创建地形的方法：

（1）创建新场景，选择"plain"作为示范场景。

（2）在"plain"场景工具栏中选择"景观"功能对应的左下角工具栏选择"高度" > 提升高度（降低高度、平整、起伏、平滑等功能），调整笔刷大小与笔刷速度，换不同样式的地形。

（3）根据景观创建对应的地形。除了创建地形之外，可以继续创建河流、湖泊、草丛、道路等景观如图 759 所示。

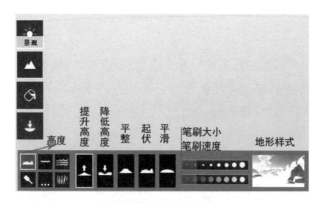

图 759　创建景观命令

177. 如何在 Lumion 场景中调整模型的位置?

Lumion 导入模型时，定位是通过鼠标拖动来确定，如果要在场景中放置多个模型，那么模型之间的相对位置关系就很难精确定位，所以如果是使用 Revit 建立的多个模型，可先在 Revit 中通过共享坐标来确定模型的精确位置，导入模型到 Lumion 后，使用 Lumion 场景的"对齐"功能就可自动调整模型之间的相对关系（有关 Revit 共享坐标请参阅《Revit 与 Navisworks 实用疑难 200 问》问题 69）。步骤如下：

（1）首先分别将模型导入到 Lumion 场景中。在新场景中选择功能菜单：物体 > 导入模型 > 外部导入 > 放置模型（图 760）。

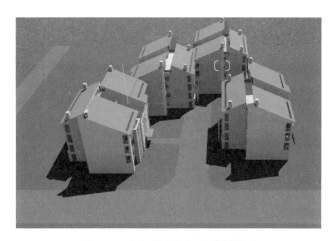

图 760　在场景中先任意放置模型

（2）选择功能菜单"关联菜单"按钮，如图 761 所示。

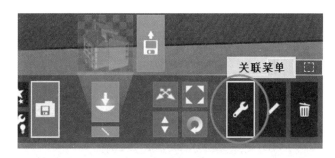

图 761　关联菜单

（3）在场景中选择要进行位置对齐的模型，用框选或按"Ctrl"键多选，点击属于地形的基点坐标（蓝色圆点），如图 762 所示。

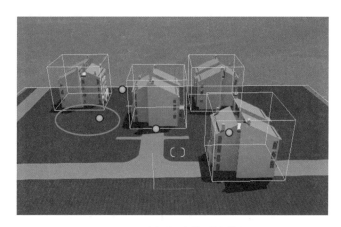

图 762　选择场地模型的基点

（4）点击"变换"，如图 763 所示。

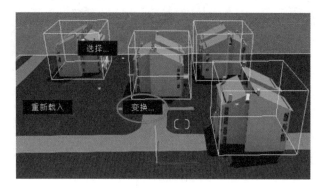

图 763　选择变换命令

（5）选择"对齐"命令，如图 764 所示。

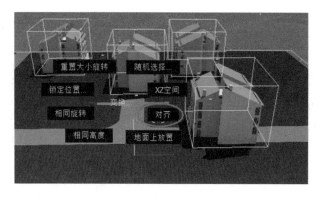

图 764　选择对齐命令

（6）对齐完成后如图 765 所示。

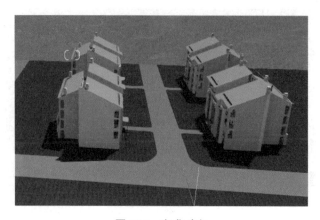

图 765　完成对齐

178. 在 Lumion 场景中如何编辑模型材质？

通常 Revit 模型导出 Lumion 中都是白模，需要对模型进行材质编辑。Lumion 软件中有自带的材质库可以方便快速赋予对象材质贴图，也可以编辑材质库的材质并更改添加外部贴图，步骤如下：

（1）点击工具栏"材质"命令如图 766 所示，选择场景模型，进行编辑材质（对应在材质库选择不同类型的材质）。

（2）根据上述步骤添加完成材质，场景模型中有赋予 Lumion 材质库材质的模型为"黄色"高亮显示，未添加材质当鼠标移动到构件上就高亮"绿色"显示，如图 767 所示。

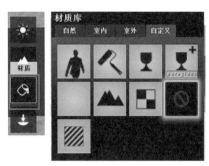

图 766　材质库

图 767　未添加材质的效果

（3）加载到 Lumion 场景的模型赋予完成材质后点击界面右下角"√"，如图 768 所示。

（4）由于材质的材质库有限，Lumion 可以自定义材质贴图，双击已赋予材质的构件，在 Lumion 界面左角的编辑材质框中，可以更换贴图以及调整材质着色、光泽、反射、缩放等参数如图 769 所示。

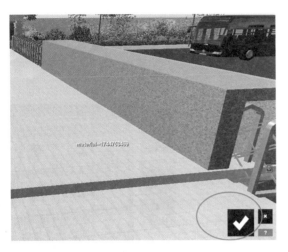

图 768　完成材质编辑

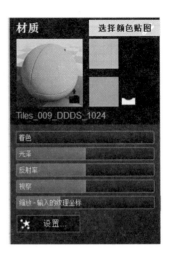

图 769　编辑材质选项

179. 在 Lumion 场景中如何保存场景、模型文件，以及合并多个场景文件?

Lumion 软件可单独保存场景文件或同时保存场景及模型两种方式:

第一种方式: 单独保存场景文件:

（1）点击 Lumion 右下角保存按钮，如图 770 所示。

（2）保存文件窗口打开，选择"保存场景"，如图 771 所示。

图 770　保存文件

图 771　保存场景文件

（3）输入文件名称和说明，但有以下注意事项：

1）文件名建议用英文，使用中文名称容易出现意想不到的问题；

2）说明是对保存文件进行注释，可使用中文。

（4）点击"√"完成。

第二种方式：同时保存场景及模型，主要是把场景的所有构件打包合并为一体，可以复制到其他电脑使用，文件格式为 .ls6，保存时同样建议使用英文文件名，如图 772 所示。

图 772　保存场景级模型文件

如果项目是由多个场景组成，在保存界面里点击"读取场景及模型"按钮，按"合并场景"选择要合并的场景文件，如图 773 所示。

图 773　合并场景

180. 在 Lumion 场景中如何制作动画以及输出动画？

Lumion 创建动画可使用场景路径中连续保存的视点（关键帧）形成动画视频。下面介绍制作视频的方法：

（1）在 Lumion 场景界面右下角点击动画按钮，进入编辑动画面板，如图 774 所示。

（2）进入编辑动画面板，选择一个空白的片段，选择"录制"按钮进入录制视频模式，如图 775 所示。

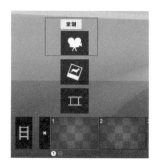

图 774　创建动画按钮　　　　　图 775　录制动画命令

（3）进入录制动画界面后，调整相机高度、水平高度、点击拍摄照片就可以完成一个关键帧；然后配合键盘、鼠标转动视角换不同角度依次拍摄照片（关键帧），如图 776 所示。

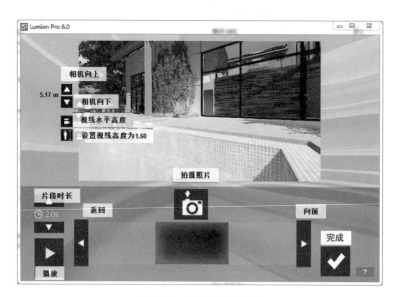

图 776　录制动画界面

（4）点击播放动画预览视频，如需调整可以通过"向前"、"返回"按钮选中照片重新拍摄，调整完毕后点击右下角完成√按钮。

导出动画为 MP4 格式，可单个动画导出，也可以导出场景的所有视频：

（1）选中场景中已完成的视频片段，出现在视频框上方按钮有从动画片段创建视频、删除两个功能；点击"从动画片段创建视频"进入输出设置，如图777所示。

图777　导出视频

（2）点击"保存视频"按钮可以将场景所有视频导出。

动画导出设置，一般会有输出质量、每秒帧数、分辨率等设置，设置完成后点击完成√即可开始输出动画，如图778所示。

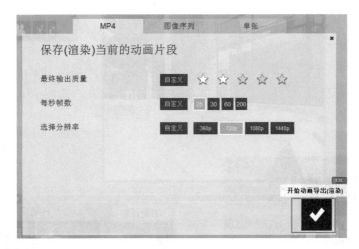

图778　输出设置

181. 在 Lumion 场景动画中如何添加跟随路径运动对象动画（如车、行人）？

Lumion 在场景中可以快速创建运动的对象动画，前提需要对象在 Lumion 场景是运动的对象。创建步骤如下：

（1）在完成场景制作后放置运动对象物体（人或车），创建 Lumion 场景动画。

（2）选中场景动画，在动画编辑面板左上角点击新增特效如图779所示。

（3）在"选择电影效果"中选择第三项"物体"

图779　添加特效

针对物体运动特效有两种"移动"与"高级控制"任意方式都可以，本次以"移动"为例，如图 780 所示。

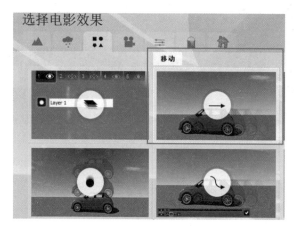

图 780　选择移动模式

（4）选择"移动"后点击左上角动画短片下的特效，对场景运动对象位置进行编辑，如图 781 所示。

（5）以场景中的汽车为例，点击场景左下角功能菜单的移动命令，为对象设置"开始位置"与"结束位置"，并点击右下角的√按钮完成设置，如图 782 所示，在动画片段中播放动画预览。

图 781　编辑运动对象

图 782　设置开始结束位置

182. 如何给 Lumion 动画添加特效？

Lumion 特效有：世界、天气、物体、相机、风格、艺术、草图等多种模式；每项模式都包含多种子模式。具体制作方法如下：

（1）在 Lumion 场景中完成创建动画，在动画列表中选中要编辑的动画。

（2）在 Lumion 编辑动画面板左上角点击"新增特效"进行选择电影效果，特效可以多选，如图 783 所示。

图 783　添加特效

（3）如选择"世界"＞"太阳状态"，模拟一天的太阳运行轨迹，点击"太阳状态"，如图 784 所示。

图 784　选择太阳状态

（4）编辑太阳状态，可根据项目地点和朝向修改经纬度、时区、向北偏移等设置，如图 785 所示。

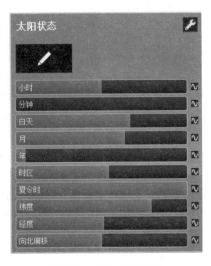

图 785　太阳状态设置

（5）在动画轨迹上创建关键帧。先"播放"一段动画，然后在"小时"选项栏上创建关键帧，如图 786 所示。

（6）在动画时间轨迹上创建关键帧后，在"小时"栏上编辑时间进度变化，如图 787 所示。

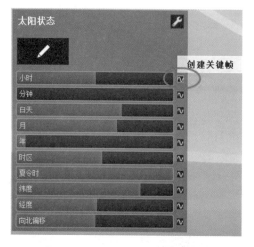

图 786　按"小时"创建关键帧

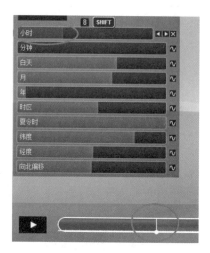

图 787　编辑时间

（7）根据动画的时间长度创建多个对应的关键，关键帧跟动画时间变化必须关联，完成后退出时间关键帧编辑，并播放预览动画，如图 788 所示。

图 788　从早上至下午的太阳光变化

183. 在 Lumion 场景中如何创建广场人群？

Lumion 可以在场景中放置一些活动人群，以增强真实感。创建方法如下：

（1）Lumion 场景功能菜单：物体 > 人和动物，如图 789 所示。

图 789　选择放置人和动物

（2）在工具栏中放置物体下面点击"人群安置"，如图 790 所示。

图 790　选择人群安置

（3）当场景出现白色图钉与黄色方向时，在空白处点击鼠标左键，如图 791 所示。

图 791　放置位置

（4）选择放置人群的方向，在以上第二步后点击鼠标左键选取人群方向，并定出放置距离，如图 792 所示。

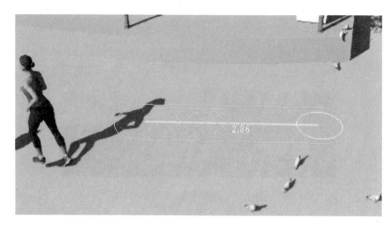

图 792　选择方向与距离

（5）放置人物类型。在人群参数菜单中选择不同的人物，并可以添加不同人群（如：小孩、大人、白领等），如图 793 所示。

图 793　添加人物类型

（6）修改人群参数，在编辑人群菜单栏中对人数、方向、偏移量、进行有目的的调整，如图 794 所示。

图 794　修改人群参数

184. 在 Lumion 场景中如何编辑灯光？

Lumion 的灯光效果也是比较好，放置灯光也比较便捷。具体方法如下：

（1）将场景调整为夜景：点击场景功能天气菜单，调整太阳位置至晚上，如图 795 所示。

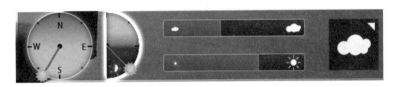

图 795　调整夜景

（2）然后放置光源：选择功能菜单：物体 > 灯具和特殊物体 > 放置物体 > 选择物体，选择光源放置在场景中，如图 796 所示。

（3）编辑灯光：在工具栏中选择编辑属性 > 光源属性调整灯光的亮度、颜色、优化等参数，如图 797 所示。

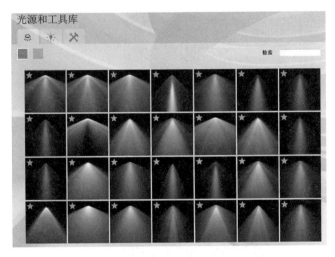

图 796　选择灯光

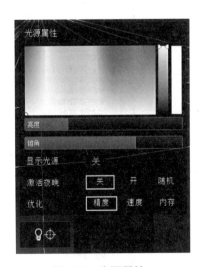

图 797　光源属性

第九章　斯维尔三维算量 For Revit

185. 当一个项目中存在多个视图楼层平面，在布置智能构件、装饰等时要怎样选择楼层平面去操作，是随意选择某个楼层平面就可以吗？建筑面积和脚手架呢？

（1）如图 798 所示多个视图楼层平面，在一个项目中命名多个楼层平面，如图 799 所示，这时可以随意选择某个楼层平面去操作，一旦选定一个楼层平面，后面就要一直

图 798　多个视图楼层平面

在选定的楼层平面去操作。

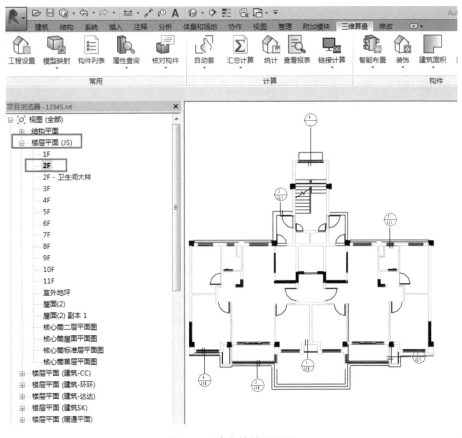

图 799　选定的楼层平面

（2）建筑面积和脚手架的布置有相应的建筑面积视图和脚手架视图生成，在生成的视图楼层平面去布置。建筑面积视图的生成操作如下：打开三维算量 For Revit 软件，如图 800 所示，选择【建筑面积】下拉中【创建建筑平面】命令。生成建筑面积平面如图 801 所示。

（3）脚手架视图的生成操作如下：打开三维算量 For Revit 软件，如图 802 所示，选择【脚手架】下拉中【脚手架平面】命令。生成脚手架平面如图 803 所示。

图 800　创建建筑平面

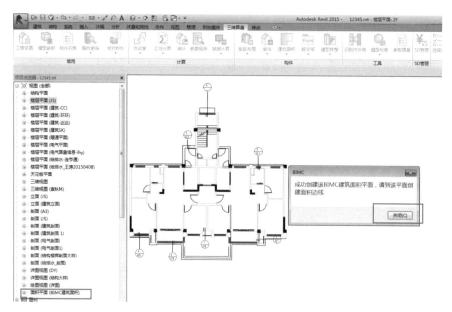

图 801　生成建筑面积平面

图 802　创建脚手架平面

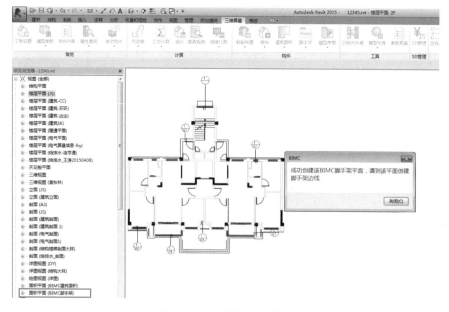

图 803　生成脚手架平面

186. 三维算量 For Revit 软件的工具栏全部是灰色，该怎么办？

打开项目文件后，三维算量 For Revit 软件的工具栏全部是灰色，处于不可操作的状态，如图 804 所示。这是因为打开的是新的 Revit 项目，没有在三维算量 For Revit 软件中做工程设置，没有产生 bimc 工程数据库文件，所以是不可操作状态。

点击软件左上角的【工程设置】按钮进入到工程设置界面进行相关步骤设置，设置完成后点击完成即可，如图 805 所示。

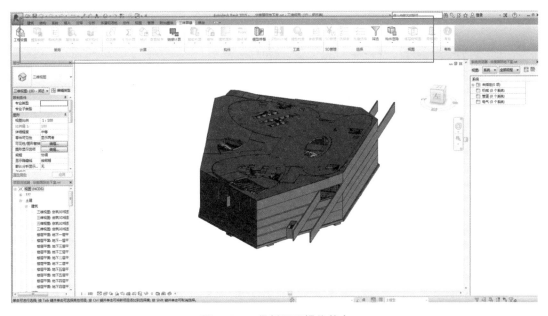

图 804　工具栏不可操作状态

图 805　工程设置

187. 构件扣减规则如何查看和调整？

构件扣减规则是 BIM 模型算量很重要的规则，斯维尔三维算量 For Revit 内置了扣减规则。点击工具栏左上角的【工程设置】按钮，在弹出的工程设置界面中点开算量选项如图 806 所示，算量选项中有相应的工程量输出和各个构件的扣减规则，根据工程要求在里面进行调整。如图 807 所示。

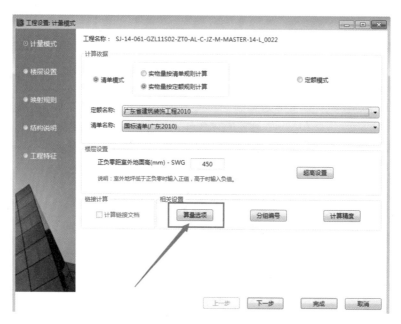

图 806　工程设置界面的算量选项

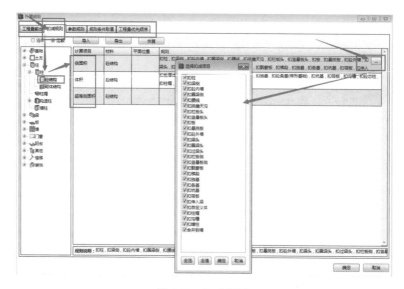

图 807　扣减规则

188. 模型如何挂接做法？

点击工具栏中的【做法列表】选择构件名称，点击做法，在构件列表中的做法列进行挂接，如图 808 所示。或者在工具栏中的【属性查询】中进行挂接，如图 809 所示。

图 808　做法列表中挂接做法

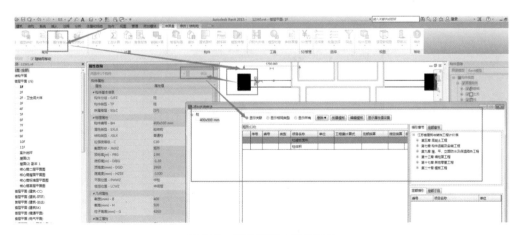

图 809　属性查询中挂接做法

189. 工程计算汇总很慢，怎么办？

由于工程量计算汇总涉及大量的运算，对电脑的性能有一定的要求。通常可以将分析和计算分开执行，在汇总计算的时候将"分析后执行统计"的勾去掉，如图 810 所示，先单独地进行分析，等到工程全部分析完后，最后再执行统计即可，如图 811 所示（就是将计算汇总分成两部分来完成）。

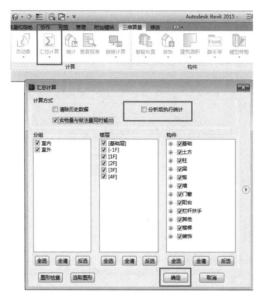

图 810　分析图

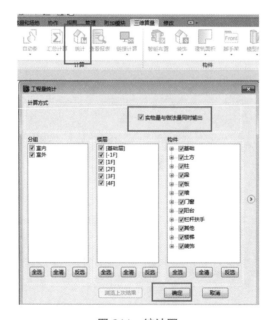

图 811　统计图

190. 在三维算量 For Revit 软件中打开项目文件提示：是中心文件，不能进行操作或者保存，该如何处理？

因为是 Revit 中心文件的原因，所以打开中心文件时要在选择文件路径的对话栏中将"从中心分离"勾选上后打开项目即可。如图 812 所示。

图 812　打开中心文件时勾选从中心文件分离

191. 执行【模型映射】下的构件辨色后，已经映射的构件显示的是未映射的颜色（比如楼梯的扶手），这是怎么回事？

是因为软件中的栏杆扶手的关键字符是 LG，属于一个构件，所以映射后栏杆显示是映射的颜色状态而扶手是未映射的颜色状态，这个不影响工程量的计算，软件在计算栏杆时连同扶手也计算了。

192. 在布置脚手架、建筑面积的时候为什么会出现识别内外的提示？

如图 813 所示，因为布置脚手架、计算建筑面积需要一个封闭的边界范围，而在创建边界范围的时候需要区分内外，若内外不明确，软件会自动判定错误，就会提示先识别内外。执行软件工具栏中的【识别内外墙】命令如图 814 所示，先智能识别，若发现智能识别有偏差，再次执行手动识别命令，如图 815 所示，选择好编辑模式，到界面中去点选墙构件，点选的墙构件就会变成你所设置的状态。

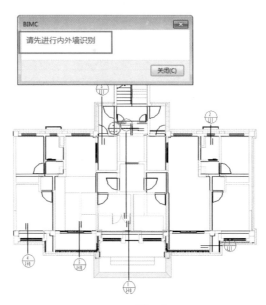

图 813　识别错误提示

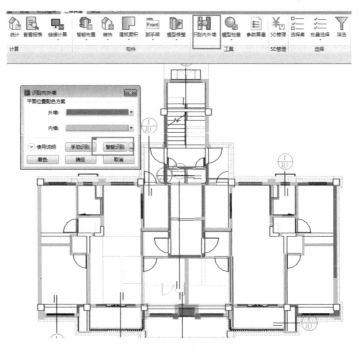

图 814　识别内外墙

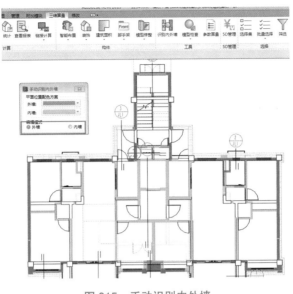

图 815　手动识别内外墙

193. 模型修整的作用是什么?

做完模型后，会对个别的构件进行位置的调整，很多用户对模型修改中的墙到柱边、梁到柱边不理解。其实就是将墙、梁调整为：延伸到柱子的中心，而不是和柱子的上下边对齐。操作步骤如图 816 所示，执行【模型修整】下的墙到柱中心命令。注：在操作的时候，在软件的左下角有提示，可以根据提示进行操作如图 817 所示，结果如图 818 所示。

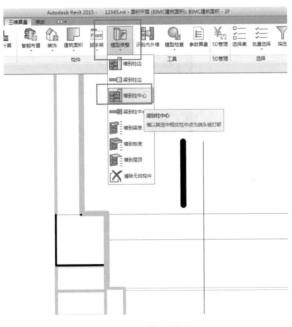

图 816　模型修整

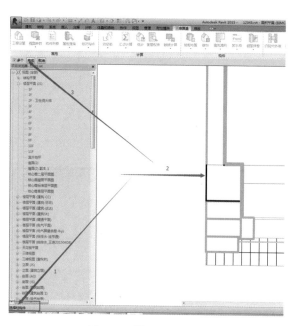

图 817　模型调整步骤

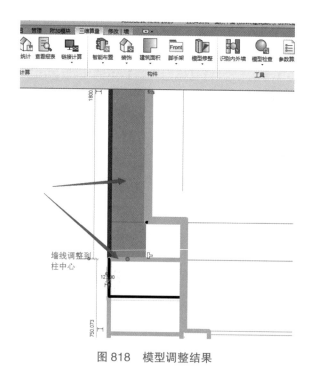

图 818　模型调整结果

194. 如何在族类别中快速搜索某一个族名的构件编号？

在左侧的项目浏览器栏中找到族后，右键单击族，点击搜索后会弹出一个在项目浏览器中搜索的对话框如图 819 所示。

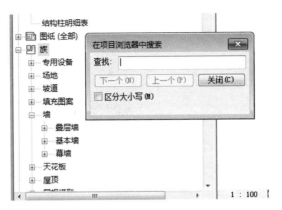

图 819　查找构件编号

195. 同一族名称的构件，模型映射出错后怎么修改？

可以在构件的属性查询中的构件分组和构件类型中进行修改。操作步骤：点击【属性查询】下面的属性查询按钮，到界面选择一个墙构件，弹出属性查询界面如图 820 所示，在界面中点击构件分组后面的下拉按钮，选择正确的构件名称即可如图 821 所示。

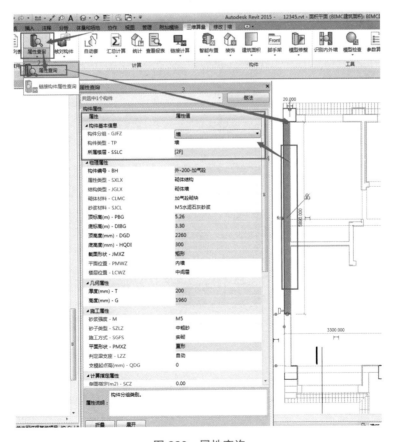

图 820　属性查询

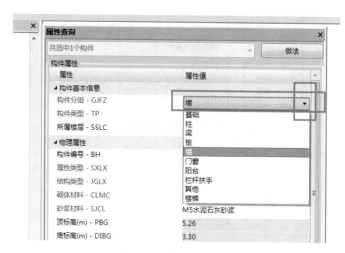

图 821　选择查询名称

196. 为什么有的构件有映射成功，但是在界面看不到映射的模型？

可能是在软件中被隐藏了，需要把隐藏的模型显示出来。有如下两个方法：

（1）执行工具栏的【构件显隐】下面的构件显隐命令，弹出一个对话框，将需要显示的构件勾选上后点击应用即可，如图 822 所示。

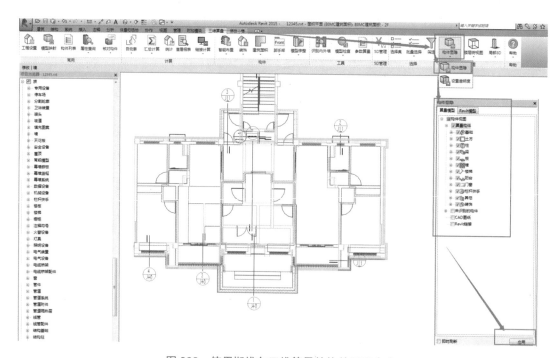

图 822　使用斯维尔三维算量的构件显隐命令

（2）使用 Revit 的【可见性图形】命令，将模型类别下面的可见性的构件名称勾选上后点击确定即可，如图 823 所示。

图 823　Revit 视图属性可见性

197. 在【5D 管理】中进行动画预览时没反应，这是怎么回事？

首先要使模型在三维状态下显示，然后将启用动画勾选上。操作步骤：执行工具栏的【5D 管理】命令，弹出 5D 管理对话框如图 824 所示。

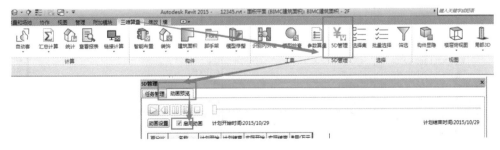

图 824　5D 管理对话框

198. 止水台应该如何绘制？

止水台建议用梁绘制，不建议用墙，如果用墙，应该把类型名称按圈梁类型命名。可在属性查询或者构件列表这两种方法进行修改。

（1）在界面画好一个墙构件之后，选中墙，执行【属性查询】命令，修改构件分组，将原本的墙构件做选择为梁如前述图 820 所示，将构件类型改为圈梁如图 825 所示。

图 825　通过属性查询修改构件类型

（2）在构件列表中修改如图 826、图 827 所示。

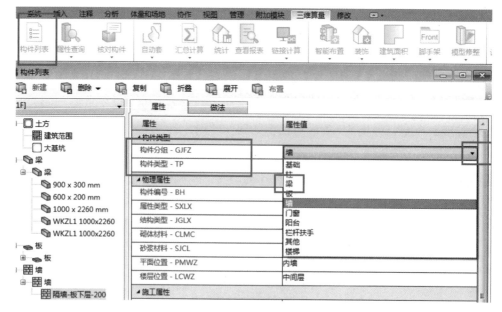

图 826　构件列表

图 827　完成结果

199. 过梁如何布置？

在墙体上不用手动添加过梁的洞口，过梁的布置可以用软件的智能布置命令，按照条件生成，软件会自动扣减相交构件。执行【智能布置】下面的过梁智能布置命令，如图 828 所示，会弹出过梁智能布置的对话框，在里面设置好满足只能布置的条件后，点击自动布置即可，如图 829 所示。

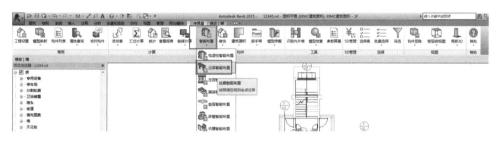

图 828　梁智能布置菜单

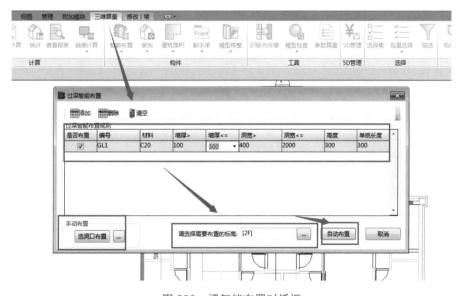

图 829　梁智能布置对话框

第十章　Revit 转广联达 BIM 算量和 5D

200. Revit 通过广联达 GFC 插件导出至广联达 BIM 土建算量软件 GCL2013 前需要做哪些检查？

为了能将在 Revit 的模型完整导入广联达 BIM 土建算量软件 GCL2013 中作算量应用，在导入模型之前需要检查一下模型，需要做的检查有以下三点：

（1）检查当前项目参照标高是否使用统一的标高体系。

在实际项目中一般会同时采用建筑标高与结构标高这两种标高体系进行建模，但是同时使用两种标高体系时导入广联达 BIM 土建算量软件 GCL2013 会对应生成两个楼层平面，如图 830 所示，导致算量结果出错，为免这种情况发生且考虑到在做 BIM 应用机电专业的建模，推荐使用建筑标高体系。

	楼层序号	名称	层高 (m)	首层	底标高 (m)	相同层数	现浇板厚 (mm)
1	10	设备夹层屋面 22.200	3.000	☐	22.200	1	120
2	9	设备夹层 18.900	3.300	☐	18.900	1	120
3	8	设备夹层 18.850	0.050	☐	18.850	1	120
4	7	4层 14.400	4.450	☐	14.400	1	120
5	6	4层 14.350	0.050	☐	14.350	1	120
6	5	3层 9.900	4.450	☐	9.900	1	120
7	4	3层 9.850	0.050	☐	9.850	1	120
8	3	2层 5.400	4.450	☐	5.400	1	120
9	2	2层 5.350	0.050	☐	5.350	1	120
10	1	1层 0.000	5.350	☑	0.000	1	120
11	-1	1层 -0.050	0.050	☐	-0.050	1	120
12	0	地下室 -5.700	5.650		-5.700	1	120

图 830　广联达 BIM 土建算量软件 GCL2013 楼层表

（2）检查各构件命名与属性是否符合要求，包括族的类型属性、族名称和类型名称。

使用广联达 GFC 插件将 Revit 中的构件转换成算量模型的构件是采用关键字匹配的方式来实现的，因此对于族的类型属性、族名称和类型名称的规范化尤为重要，可以说能否将 Revit 构件转化成算量构件这几个字段起了决定性作用。表 4 是 GCL 与 Revit 构件对应样例表，建议在创建族以及对族命名时规范化的参考表格。

命名：GCL 构件类型字样 + 名称 / 尺寸

举例：筏板基础 - 厚 800

说明：名称 / 尺寸——填写构件名称或者构件尺寸（如：厚800）

GCL 构件类型字样——详见表4。

GCL 与 Revit 构件对应样例表　　　　　　　　　　　　表 4

GCL构件类型	对应Revit族名称	Revit族类型		Revit族类型样例
		必须包含字样	禁止出现字样	
筏板基础	结构基础/结构楼板	"筏板基础"		筏板基础-厚800
条形基础	条形基础			条形基础-TJ1
独立基础	独立基础		"承台/桩"	独立基础-DJ1
基础梁	梁族	"基础梁"		基础梁-300x600
垫层	结构楼板/基础楼板	"**-垫层"		垫层-厚150
集水坑	结构基础	"**-集水坑"		集水坑-J1
桩承台	结构基础/独立基础	"桩承台"		桩承台-CT1
桩	结构柱/独立基础	"**-桩"		桩-Z1
现浇板	结构楼板/建筑楼板/楼板边缘		"垫层/桩承台/散水/台阶/挑檐/雨篷/屋面/坡道/天棚/楼地面"	结构板-厚100
柱	结构柱		"桩/构造柱"	结构柱-600×600
构造柱	结构柱	"构造柱"		构造柱-200×200
柱帽	结构柱/结构连接	"柱帽"		柱帽-ZM1
墙	墙/面墙	弧形墙/直形墙砌体墙	"保温墙/栏板/压顶/墙面/保温层/踢脚"	直形墙-厚200砌体墙-厚100
梁	梁族		"连梁/圈梁/过梁/基础梁/压顶/栏板"	结构梁-300×600
连梁	梁族	"连梁"	"圈梁/过梁/基础梁/压顶/栏板"	连梁-300×800
圈梁	梁族	"圈梁"	"连梁/过梁/基础梁/压顶/栏板"	圈梁-200×600
过梁	梁族	"过梁"	"连梁/基础梁/压顶/栏板"	过梁-200×300
门	门族			M1522
窗	窗族			C1520
飘窗	凸窗/窗族 注：子类别按飘窗组成分别设置，如洞口—带行洞；玻璃、窗-带形窗；窗台-飘窗板	"飘窗"		飘窗/PC-1
楼梯	楼梯	直行楼梯/旋转楼梯		直行楼梯-LT1
坡道	坡道/楼板	"**-坡道"		坡道-PD1
幕墙	幕墙			幕墙-MQ1

GCL构件类型	对应Revit族名称	Revit族类型		Revit族类型样例
		必须包含字样	禁止出现字样	
雨篷	楼板	"雨篷"或"雨棚"	"垫层/桩承台/散水/台阶/挑檐/屋面/坡道/天棚/楼地面"	雨篷-YP1
散水	楼板/公制常规模型	"**-散水"		散水-SS1
台阶	楼板/楼板边缘/公制常规模型/基于板的公制常规模型	"**-台阶"		台阶-TAIJ1
挑檐	楼板边缘/楼板/公制常规模型/檐沟	"**-挑檐"		挑檐-TY1
栏板	墙/梁/公制常规模型	"**-栏板"		栏板-LB1
压顶	墙/梁/公制常规模型	"**-压顶"		压顶-YD1
墙面	墙面层/墙	"墙面/面层"		灰白色花岗石墙面
墙裙	墙饰条	"墙裙"		水磨石墙裙
踢脚	墙饰条/墙/常规模型	"踢脚"		水泥踢脚
楼地面	楼板面层/楼板	"楼地面"		花岗石楼地面
墙洞	直墙矩形洞/弧墙矩形洞/墙中内环			墙洞-QD1
板洞	普通板内环/屋顶内环未布置窗/屋顶洞口剪切/楼板洞口剪切/			板洞-BD1
天棚	楼板面层/楼板	"天棚"		纸面石膏板天棚
吊顶	天花板	"吊顶"		石膏板吊顶

（3）检查同类型构件是否出现重叠情况，例如柱重叠、板重叠与墙重叠等。

当模型出现有同类型构件重叠的情况在导入广联达 BIM 土建算量软件 GCL2013 中就会把重叠的两个图元中的一个删除，造成构件丢失或者在合法性检查中报错导致无法算量，用于算量的模型应当尽可能地做精细，避免算出来的量出现较大的偏差，因此同类型构件重叠是不允许的，常见的重叠情况有以下三种：

1）水平边界重叠

水平布置的构件任意一边与其他同类型的边线存在交集所发生的重叠情况，如图831 所示为两块板构件的边界线存在部分重叠情况。

2）垂直边界重叠

垂直布置的构件任意一边与其他同类型的边线存在交集所发生的重叠情况，如图832 所示为上下层墙构件部分重叠布置情况。

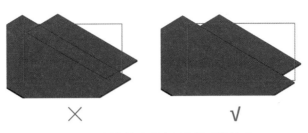

图 831　板构件出现水平边界重叠情况

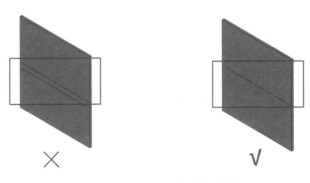

图 832　墙构件出现垂直边界重叠情况

3）重复布置

布置构件时不能在同一位置上重复布置相同的构件。如图 833 所示为柱构件重复布置。

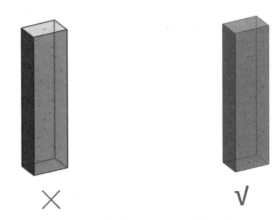

图 833　柱构件出现完全重叠情况

201. 如何实现单独导出中间某一层的模型到广联达 BIM 土建算量软件 GCL2013 中进行算量？

在默认情况下使用广联达 GFC 插件将模型导出是把整体模型导出的，但有些时候我们希望导出某个楼层模型进行算量及对量，通常的做法是把其他楼层删除，只保留需要导出的目标楼层，但是这样操作比较麻烦，也不确定剩下的构件是否都是目标楼层的构件。

利用广联达 GFC 插件楼层转化中楼层选择的功能，可方便、精确地将目标楼层导出，如图 834 所示。

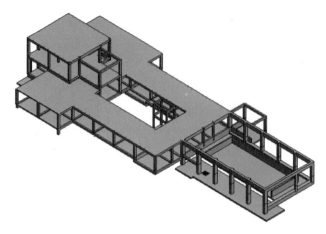

图 834　三维视图显示全部模型

在"导出 GFC- 楼层转化"对话框中右侧勾选需要导出的楼层，默认状态下为全选，选择导出负一层，如图 835 所示，对话框左侧为选择 Revit 中的标高创建楼层。

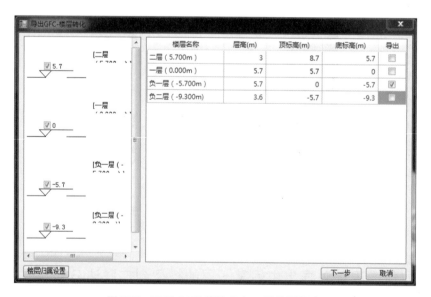

图 835　利用 GFC 插件将负一层模型导出

将导出的 GFC 文件导入广联达 BIM 土建算量软件 GCL2013 中，如图 836 所示，负一层的模型已经导入广联达 BIM 土建算量软件 GCL2013 中可以进行算量。

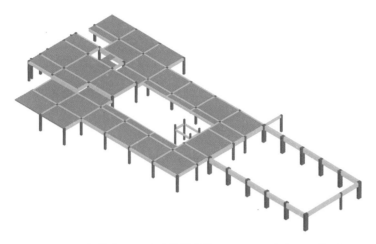

图 836　广联达 BIM 土建算量软件 GCL2013 中负一层模型

202. 在 Revit 中分开建立的土建模型如何在广联达 BIM 土建算量软件 GCL2013 中整合？

在 Revit 平台中如果采用了"链接"这种工作模式进行协同工作，项目有时会拆分成多个模型，通过链接的方式将他们整合在一起，如图 837 所示。

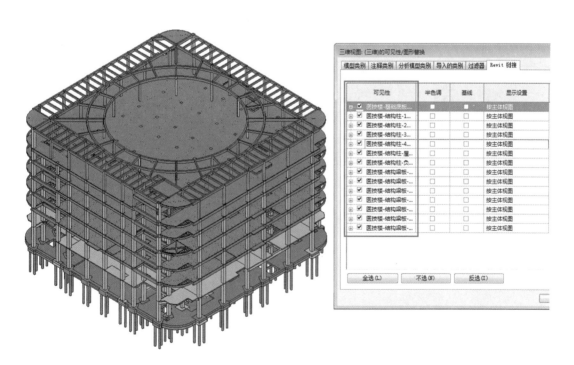

图 837　采用"链接"模式整合的结构模型

利用广联达 GFC 插件可以把土建模型导出成 GFC 格式文件进入广联达 BIM 土建算量软件 GCL2013 中进行工程量计算，但是广联达 GFC 插件无法把链接进来的文件进行导出，此时解决的方法有两种：

（1）先绑定再导出

使用"绑定链接"命令将链接的模型文件合并到当前项目模型中再将整个模型文件导出，如图 838 所示，详细操作可以参考《Revit 与 Navisworks 实用疑难 200 问》中问是 49"如何把链接的模型文件合并到当前的项目模型中？"

（2）先导出再整合

1）以优比服务的昆明医院项目医技楼为例，将项目中所有的结构模型分别导出，如图 839 所示。

2）在广联达 BIM 土建算量软件 GCL2013 中建立与项目相匹配的楼层表，如图 840 所示。

3）在广联达 BIM 土建算量软件 GCL2013 中点击"BIM 应用 > 导入 Revit 交换文件（GFC）> 批量导入"，如图 841 所示，将上述 1）导出的 GFC 文件全部导入。

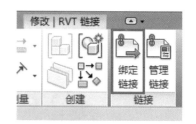

图 838　绑定链接

图 839　土建模型导出的 GFC 文件

楼层序号	名称	层高 (m)	首层	底标高 (m)
1	7	屋顶层	3.000	☐	27.600
2	6	屋面层	5.400	☐	22.200
3	5	设备层	3.350	☐	18.850
4	4	第4层	4.500	☐	14.350
5	3	第3层	4.500	☐	9.850
6	2	第2层	4.500	☐	5.350
7	1	首层	5.400	☑	-0.050
8	-1	第-1层	5.700	☐	-5.750
9	0	基础层	3.000	☐	-8.750

图 840　项目楼层表

图 841　批量导入 GFC 格式文件

4）手动匹配 Revit 与广联达 BIM 土建算量软件 GCL2013 相应的楼层属性，如图 842 所示。

5）单击"完成"按钮，结构模型就在广联达 BIM 土建算量软件 GCL2013 中整合起来，如图 843 所示。

图 842　匹配 Revit 与广联达 BIM 土建算量 GCL2013 楼层属性

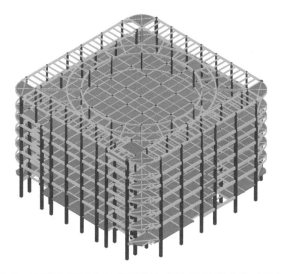

图 843　广联达 BIM 土建算量软件 GCL2013 整合的结构模型

203. 在使用广联达 GFC 插件导出 GFC 格式文件时，对话框中显示的未映射构件指的是什么？

在使用广联达 GFC 插件将模型导出的过程中会发现在"导出 GFC- 构件转化"对话框中有"未映射构件"这一选项卡，如图 844 所示。

未映射构件有两种情况，第一种是不属于土建算量范畴的构件，例如：风管模型、给排水模型和电缆桥架模型等，如图 845 所示。

图 844　未映射构件

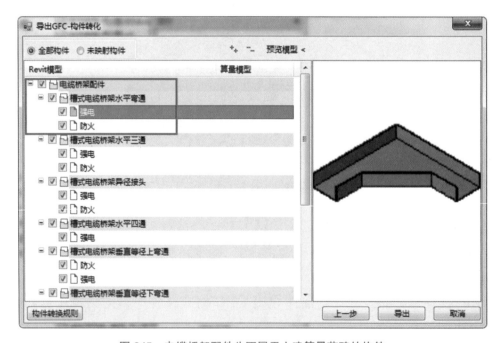

图 845　电缆桥架配件为不属于土建算量范畴的构件

第二种是属于土建算量范畴，但广联达 BIM 土建算量软件 GCL2013 不支持导入的构件，例如：幕墙嵌板、体量和土方等，如图 846 所示。

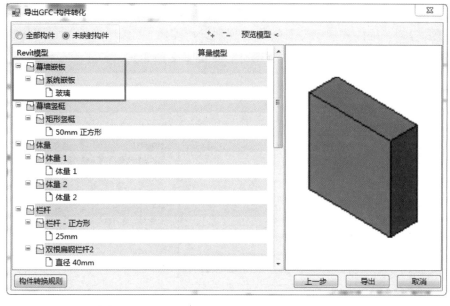

图 846　幕墙嵌板为不支持导入广联达 BIM 土建算量软件 GCL2013 的构件

204. 广联达 GFC 插件导出构件的映射规则库能够自定义修改吗？

是可以的，因为使用广联达 GFC 插件将 Revit 中的构件转换成为算量模型的构件是采用关键字匹配的方式，所以我们可以对默认的规则库进行修改，根据自身建模规则命名方式将其修改成专用的规则库。

在"导出 GFC- 构件转化"对话框中点击构件转换规则，如图 847 所示。

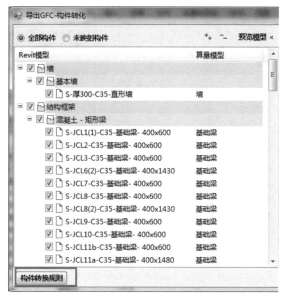

图 847　导出 GFC– 构件转化对话框

在"构件转换规则设置"对话框中所显示的映射规则是插件自带的默认规则，双击构件名称后边的"构件关键字"对转化的规则进行编辑，比如：要修改构造柱的转化规则，默认情况下关键字为"构造柱、GZZ"，如图848所示。

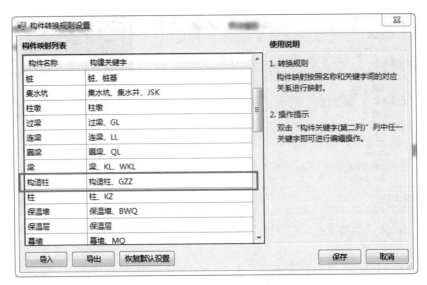

图848　构建转换规则设置对话框

双击构造柱后面的构件关键字，即可进入关键字编辑模式，如图849所示。

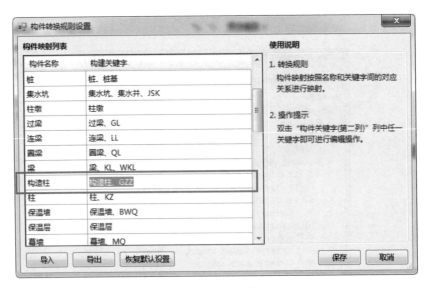

图849　编辑构件关键字

将"GZ"添加进构造柱的构件关键字中，如图850所示。

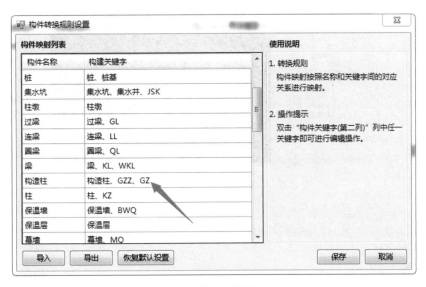

图 850　添加构件关键字

添加关键字后点击"导出"命令将做好的规则库保存成 xml 文件，如图 851 所示，当我们下次再需要用到这个规则库时可以通过导入将我们做好的自定义规则库载入使用。

图 851　导出保存规则库

205.Revit 中墙体的材质信息如何匹配到广联达 BIM 土建算量软件 GCL2013 中？

在计算墙体工程量的时候建筑墙体与结构墙体是需要分开计算的，因为其材质的不同，而影响到墙体与其他构件之间的扣减关系不同，例如：墙体与梁板相交，当墙体为建筑墙体时，墙体计算的体积需扣除与梁板相交部分的体积，如图 852 所示。

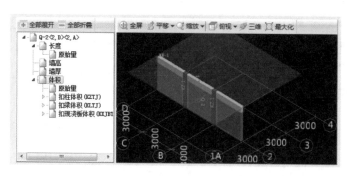

图 852　建筑墙体体积计算三维扣减图

当墙体为结构墙体时，墙体计算的体积就不需要扣除与梁板相交部分的体积。如图 853 所示。

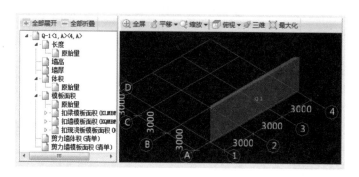

图 853　结构墙体体积计算三维扣减图

在 Revit 中无论是砌体结构的建筑墙体还是混凝土结构的结构墙体都是用"墙"命令绘制的，两者的分别在于墙体"核心层材质"的不同。因此需要将"核心层材质"信息匹配到广联达 BIM 土建算量软件 GCL2013 中才能够正确地计算出墙体的工程量。具体方法如下：

（1）在类型属性中给墙体赋予材质属性，功能选择"结构 [1]"，输入厚度并勾选"结构材质"，如图 854 所示。

层					
		外部边			
	功能	材质	厚度	包络	结构材质
1	核心边界	包络上层	0.0		
2	结构 [1]	混凝土-钢砼	300.0	☐	☑
3	核心边界	包络下层	0.0		

图 854　剪力墙结构材质

（2）通过广联达 GFC 插件将墙构件匹配为"墙"并导出。

（3）在广联达 BIM 土建算量软件 GCL2013 中点击 BIM 应用将 GFC 文件导入。

（4）在导入界面中勾选"材质匹配"，此时右边的选项框会出现墙体的材质属性，此时需要手动将在 Revit 中赋予的"原工程材质"匹配成"GCL 工程材质"同时将墙类别也匹配过来，如图 855 所示。

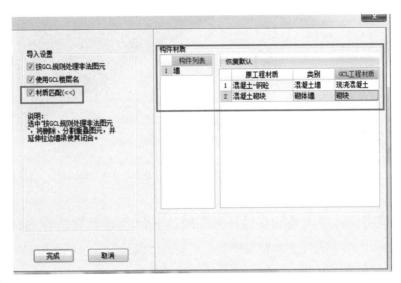

图 855　材质匹配

（5）完成后便将"核心层材质"信息匹配到广联达 BIM 土建算量软件 GCL2013 中，如图 856、图 857 所示。

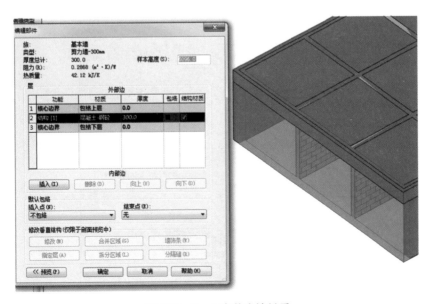

图 856　Revit 中剪力墙材质

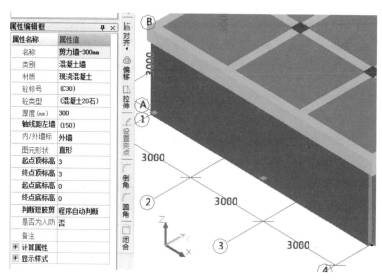

图 857　广联达 BIM 土建算量软件 GCL2013 中剪力墙材质

206. 如何将墙体中内外墙属性导入广联达 BIM 土建算量软件 GCL2013 中？

在统计墙体工程量的时候内墙与外墙是需要分开统计的，虽然对于相同材质相同厚度的墙体套取的定额子目是一样的，但是内外墙的属性会影响到其他的工程量计算，比如脚手架、抹灰和挂网等工程量。因此我们需要正确地给墙体赋予内外墙的属性并把它导入广联达 BIM 土建算量软件 GCL2013 才能够正确地算出我们所需要的工程量，具体方法如下：

（1）在类型属性中的"功能"选项给墙体指定内外墙的属性，如图 858 所示，其中只有"内部"在导入广联达 BIM 土建算量软件 GCL2013 中显示为内墙属性。

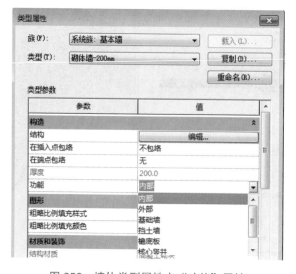

图 858　墙体类型属性中"功能"属性

（2）通过广联达 GFC 插件将墙构件匹配为"墙"并导出。

（3）在广联达 BIM 土建算量软件 GCL2013 中点击 BIM 应用将 GFC 文件导入。

（4）导入后墙体便会自动识别并匹配内外墙属性，如图 859、图 860 所示。

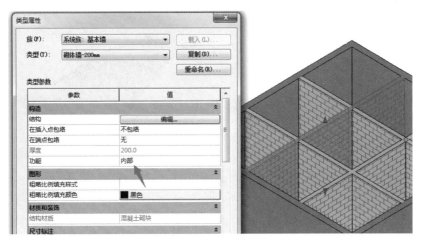

图 859　Revit 中的内墙

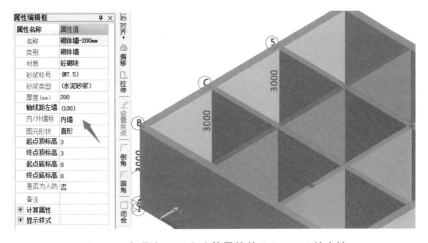

图 860　广联达 BIM 土建算量软件 GCL2013 的内墙

207. 在 Revit 中布置栏杆扶手在导入广联达 BIM 土建算量软件 GCL2013 后不能附着到主体上，怎么办？

在 Revit 中的栏杆扶手可以分别指定"栏杆"和"扶手"的族类型，从而做出不同的造型的栏杆扶手，但通常为了方便绘制扶手，一般会将"顶部扶栏"的"类型"设置为"无"，如图 861 所示。

图 861　顶部扶栏设置为"无"

若此时将栏杆导入到广联达 BIM 土建算量软件 GCL2013 的话，原本附着到主体上的栏杆扶手就会脱离主体，如图 862 所示。

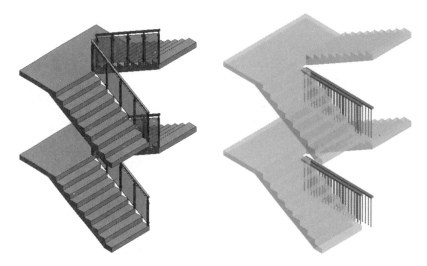

图 862　Revit 模型（左）与广联达 BIM 土建算量（右）

因此需要导入广联达 BIM 土建算量软件 GCL2013 进行算量的栏杆扶手必须设置"顶部扶栏"！如图 863 所示。

顶部扶栏	✕
高度	900.0
类型	矩形 - 50x50mm

图 863　设置顶部扶栏

调整后导入广联达 BIM 土建算量软件 GCL2013 栏杆就会附着到主体上，如图 864 所示。

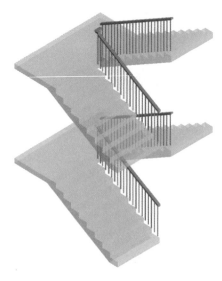

图 864　在广联达 BIM 土建算量软件 GCL2013 中栏杆扶手附着到主体楼梯上

208. 在 Revit 中如何布置集水坑才能导入广联达 BIM 土建算量软件 GCL2013？

在 Revit 中布置集水坑常用有两种方式，第一种是使用墙体与楼板命令拼接而成，但使用这种方法去布置集水坑难以统计其工程量。第二种是使用可载入族进行布置如图 865 所示，但是要将集水坑族导入广联达 BIM 土建算量软件 GCL2013，集水坑族的制作方法是有要求的。

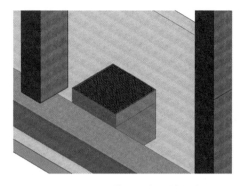

图 865　使用可载入族布置的集水坑

具体方法如下：

（1）新建族，选择"基于面的公制常规模型 .rft"为样板；

（2）绘制参照平面并添加参数，如图 866、图 867 所示。

（3）转到参照标高，创建拉伸与空心拉伸，并锁定各参照平面，如图 868、图 869 所示，同样将其锁定在立面参照平面上，如图 870 所示。广联达 BIM 土建算量软件 GCL2013 平台不能识别除拉伸方式外其他的方式创建的实体形状与空心形状，因此在创建可载入族时只能使用拉伸与空心拉伸这两种方式来创建。

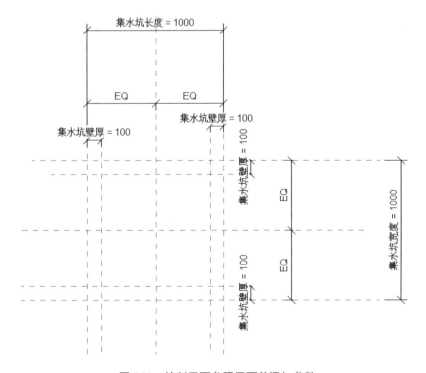

图 866　绘制平面参照平面并添加参数

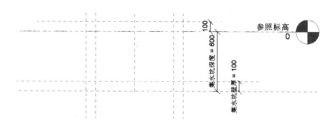

图 867　绘制立面参照平面并添加参数

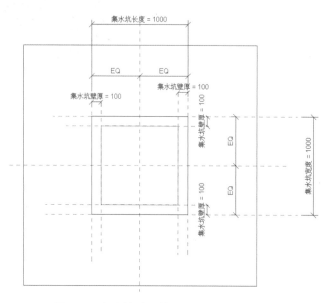

图 868　创建拉伸实体形状并锁定参照平面

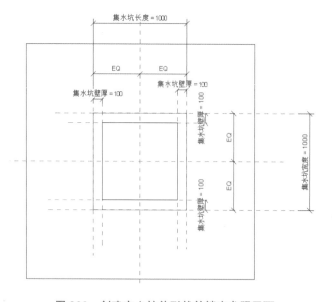

图 869　创建空心拉伸形状并锁定参照平面

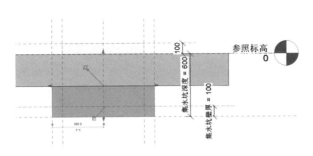

图 870　在立面上锁定参照平面

（4）通过参数测试拉伸模型与空心拉伸模型可控性，并用空心拉伸模型剪切拉伸模型；

（5）添加集水坑盖：载入封盖条族，对齐并锁定在集水坑内，使用"阵列"命令将封盖条阵列并锁定在集水坑内并设置个数参数，如图 871、图 872 所示。

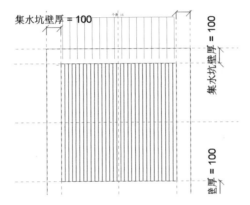

图 871　使用"阵列"命令添加集水坑盖

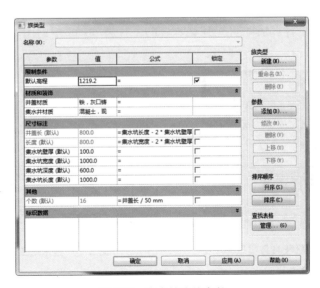

图 872　集水坑族族参数

（6）在载入项目之前需在族类别和族参数中将"加载时剪切的空心"打勾"，如图873 所示。

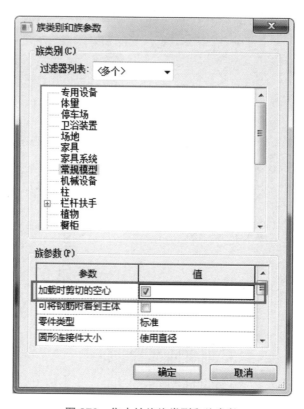

图 873　集水坑族族类型和族参数

将集水坑载入到项目中通过广联达 GFC 插件导出进入广联达 BIM 土建算量软件 GCL2013 中，并汇总计算后即可得到集水坑的工程量如图 874、图 875 所示。

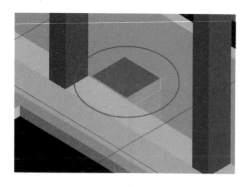

图 874　广联达 BIM 土建算量软件
GCL2013 中集水坑

图 875　集水坑工程量汇总表

209. 如何 Revit 墙面装饰导入广联达 BIM 土建算量软件 GCL2013 中进行算量？

在 Revit 中布置墙面装饰有两种方法，第一种方法是在墙体类型属性中添加面层材质信息，如图 876 所示。

	功能	材质	厚度	包络	结构材质
1	面层 1 [4]	涂料-白色	10.0	☐	
2	核心边界	包络上层	0.0		
3	结构 [1]	混凝土砌块	200.0	☐	☑
4	核心边界	包络下层	0.0		
5	面层 2 [5]	涂料-白色	10.0	☐	

图 876　Revit 墙体类型属性中添加材质

第二种方法是将核心层单独设为一道"饰面墙"，两侧面层分别另外设置一道墙，如图 877 所示。

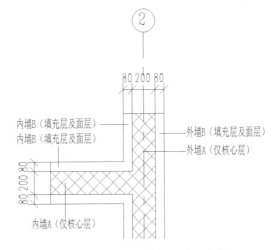

图 877　使用饰面墙添加墙面装饰

使用以上两种方法布置的墙面装饰均能通过广联达 GFC 插件导出 GFC 文件进入广联达 BIM 土建算量软件 GCL2013 进行算量，如图 878、图 879 所示。

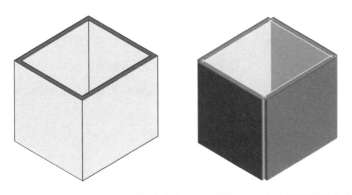

图 878　第一种方法：Revit 模型（左），广联达 BIM 土建算量模型（右）

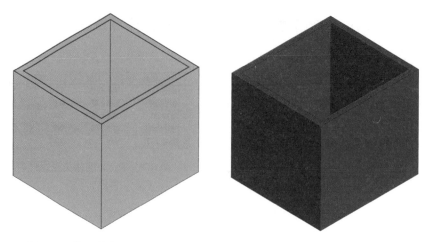

图 879　第二种方法：Revit 模型（左），与广联达 BIM 土建算量模型（右）

但是在设置墙面装饰时有以下三点需要注意的：

（1）布置墙面时其一侧面层数目不能大于 1，当一侧面层数目大于 1 时插件会默认识别厚度最厚的那一层装饰层，因为在计算墙面装饰工程量时只会考虑布置装饰的墙面面积，在套取定额做法时才会考虑填充层的厚度，所以在布置墙面装饰层用于算量时面层厚度应为填充层及面层的总厚度。

（2）布置墙面装饰时面层的功能属性要选择"面层 1[4]"或"面层 2[5]"，若选择为"结构 [1]"，则墙面材质将出现在墙体材质匹配对话框中。

布置墙面装饰时面层不需要勾选"包络"，因为在广联达 BIM 土建算量 GCL2013 中已经处理了"包络"，所以不用重复布置。

210. 清单计价文件是 Excel 文件，如何导入广联达 BIM5D 软件？

为了满足将其他计价软件创建的预算书运用到广联达 BIM5D 软件当中，可以利用计价软件将预算书导出成 Excel 文件，再导入到广联达 BIM5D 软件中进行识别，生成能够在广联达 BIM5D 软件中使用的预算文件。

在导入 Excel 文件时，建议将分部分项工程量清单、可计量措施清单与总价措施项清单三种清单一起导入，导入后三者将会合并为一份预算文件，在后续总价措施关联时，可以将清单关联至总价措施项下。否则，清单将无法关联至总价措施项下。具体操作如下：

（1）Excel 预算文件需按照以下格式进行编制：

1）分部分项工程量清单（图 880）

2）可计量措施清单（图 881）

3）总价措施项清单（图 882）

工程名称: 综合楼   标段: 第 1 页 共 1 页

序号	项目编码	项目名称	项目特征描述	计量单位	工程量	金　额（元）	
						综合单价	合价

图 880　分部分项工程量清单样例

工程名称: 综合楼   标段: 第 1 页 共 1 页

序号	项目编码	项目名称	项目特征描述	计量单位	工程量	金　额（元）	
						综合单价	合价

图 881　可计量措施清单样例

工程名称: 综合楼   标段: 第 1 页 共 1 页

序号	项目名称	金额	其中: 暂估价 (元)
一	分部分项工程	682223.16	
二	措施项目	89396.14	
2.1	安全文明施工费		
三	其他项目		
3.1	暂列金额		
3.2	专业工程暂估		
3.3	计日工		
3.4	总承包服务费		
四	规费	29501.22	
五	税金	27878.99	

图 882　总价措施项清单样例

（2）导入操作

首先添加预算文件，选择 Excel 预算清单，如图 883 所示。

图 883　添加 Excel 预算文件

选择清单类型并点击选择选取需要添加的 Excel 文件，如图 884 所示（可计量措施清单、总价措施项的识别方式与分部分项工程量清单相似，此处只以分部分项工程量清单为例）。

图 884　选择清单类型对应的数据表

添加 Excel 后，选择数据表，选择后软件会自动识别列，如果软件未能识别列的内容则左击标题栏手动识别未自动识别的列，如图 885 所示。

当完成识别列后点击【识别行】，软件自动识别行，如图 886 所示，如果软件未能识别行的内容则左击标题栏手动识别未自动识别的行，如图 887 所示。此时可以通过使用拖曳、Ctrl+ 左键或 Shift+ 左键批量选择单元格进行设置。通过点击【隐藏已识别行】【只显示识别行】【显示全部】来控制清单的显示，检查清单中所有的清单项是否均已识别。

图 885　手动识别列

图 886　自动识别行

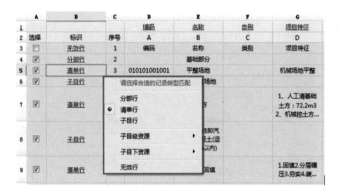

图 887　手动识别行

最后点击导入，将已识别的清单导入到广联达 BIM5D 软件中，如图 888 所示。

图 888　导入的预算文件

211. 在广联达 BIM5D 软件中如何将清单计价文件与模型关联？

在广联达 BIM5D 软件中将模型文件与已经导入的清单计价文件关联的方法有两种：

第一种是使用"清单匹配"功能自动匹配工程量清单；第二种是使用"清单关联"功能手动匹配工程量清单。

图 889　清单匹配

使用第一种方法具体操作如下：

（1）导入清单计价文件后点击"清单匹配"如图 889 所示。

（2）双击预算清单编码下方单元格，选择对应导入的预算书，如图 890 所示。

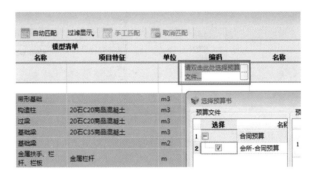

图 890　选择预算书

（3）点击"自动匹配"，选择清单类型与匹配的范围，一般选择国标清单与匹配全部，如图 891 所示。注意的是选择全部匹配会将已经匹配的清单项清除并重新匹配，建议先使用自动匹配后无法匹配到模型的清单项再使用手工匹配进行二次匹配。

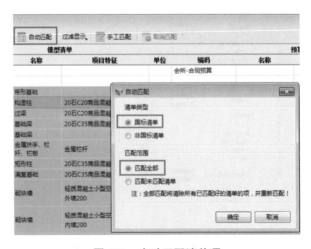

图 891　自动匹配清单项

（4）点击"确定"即可进行匹配，如图 892 所示。注意使用自动匹配的条件是模型文件中的构件需要套用做法，因为套用做法并汇总计算后才会生成模型清单，在清单匹配过程中模型清单与预算清单中的编码前九位、名称、项目特征和单位需要一一对应，这样才能自动匹配上。

图 892　匹配后的清单项

使用第二种方法具体操作如下：

（1）导入清单计价文件后点击"清单关联"如图 893 所示。

（2）进入清单关联界面，选择预算文件，如图 894 所示。

图 893　清单关联

（3）选择需要关联模型的清单项，如图 895 所示。

图 894　选择预算文件

图 895　选择清单项

（4）选择对应的专业，如图 896 所示。

（5）选择对应的构件类型、范围等属性值筛选出与清单匹配的图元，如图 897 所示。第五步点击"按属性加载"，如图 898 所示。

图 896　选择专业

图 897　按属性筛选图元

图 898　按属性加载

（6）使用【选择】命令框选显示框中的所有图元并点击关联，如图 899 所示。

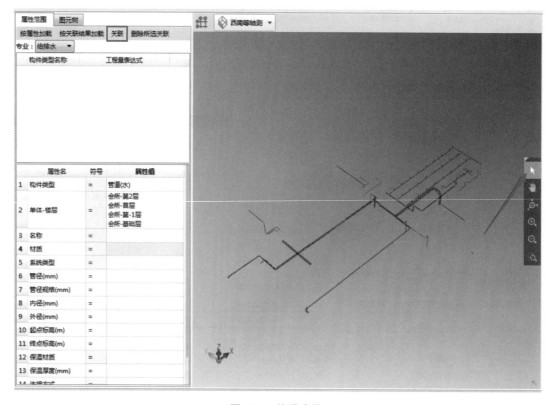

图 899　关联清单

（7）双击工程量表达式，将工程量代码添加进工程量表达式中，如图 900 所示。

当清单项中的关联单元格中出现绿色的旗帜代表当前清单项已有图元与之关联，如图 901 所示。

图 900　添加工程量表达式

图 901　关联模型后的清单项

当分部分项工程量清单与模型关联完毕后，即可关联总价措施清单，具体方法如下：

选择需要关联的分部分项工程清单项，双击计算表达式并编辑费用表达式即可关联成功，如图 902 所示。

图 902　关联总价措施

212. 在广联达 BIM5D 软件中如何划分流水段？

在广联达 BIM5D 软件中提供了"流水视图"这一模块，在此模块下可将工程细分成各个流水段并且可按流水段统计工程量，方便了造价人员管理并控制各个流水段的造价。

划分流水段具体操作如下：

（1）点击"自定义分类"，选择对应的专业与楼层创建分组，如图 903 所示。

图 903　新建分组

（2）点击"新建流水段"即可进入流水段创建界面，如图 904 所示。

图 904　新建流水段

（3）如果项目中有详细的流水段划分 CAD 图纸，可以把该 CAD 图纸导入至广联达 BIM5D 软件中。点击"视图" > "CAD 图纸管理"，将 CAD 图纸加载至当前视图，如图 905 所示。

打开项目轴网并使用"平移"命令将 CAD 图纸与项目轴网对齐，如图 906 所示。

图 905　插入 CAD 图纸

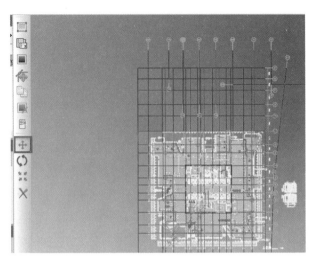

图 906　对齐 CAD 图纸

（4）点击 ▢ 绘制流水段线框，需要绘制一个闭合的线框；当流水段分为核心筒内与核心筒外两部分时，可以通过点击 ■ 绘制洞口，如图 907 所示。

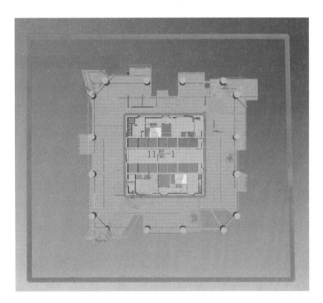

图 907　划分流水段

（5）将流水段内的构件与该流水段关联，当构件前边的图标显示为 🔓，代表该类型构件未与流水段关联；当构件前边的图标显示为 🔒 代表该类型构件已与流水段关联，如图 907 流水段中所有构件均与该流水段关联；

（6）在划分流水段后可点击"显示模型"快速查看当前选择的流水段所包含的模型，如图 908 所示。

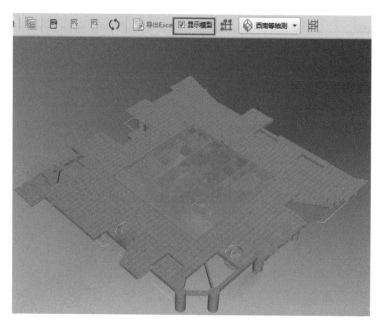

图 908　流水段显示

213. 在广联达 BIM5D 软件中如何将模型与进度计划进行关联?

由于在广联达 BIM5D 软件中无法生成进度计划,因此需要从外部将进度计划导入到广联达 BIM5D 软件中才能跟模型进行管理,以下为详细操作:

图 909　导入 Project

(1) 点击"导入计划"将 Project 添加到广联达 BIM5D 软件中,如图 909 所示。

(2) 选择一条需要关联模型的任务,点击"进度关联模型"即可进入模型关联界面,如图 910 所示。

图 910　进度关联模型

（3）关联模型，关联模型的方法有两种，一是自动关联，二是手工关联。如果使用自动关联，需要先将模型与流水段进行关联，否则无法使用自动关联功能。点击"自动关联"，通过勾选单体 - 楼层、专业、流水段、构件类型和构件类型属性筛选出与当前任务匹配的图元，点击"关联"即可将模型与当前任务进行关联，如图 911 所示。

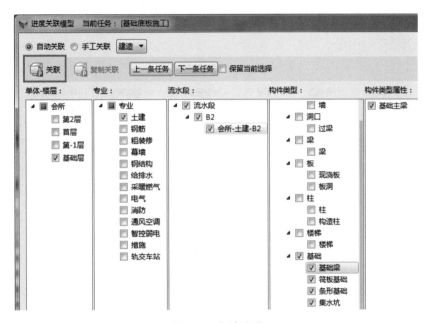

图 911　自动关联

如果使用手工关联，则模型无须与流水段进行关联。点击"手工关联"，通过构件类型对话框筛选出与当前任务匹配的图元，框选显示框中的图元并点击"选中图元关联到进度"即可，如图 912 所示。

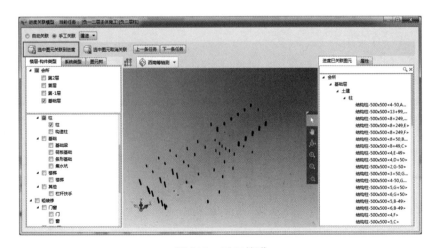

图 912　手工关联

要注意的是同一个图元不能关联至不同的两个进度计划当中，否则在关联时会报错，如图 913 所示。

建议使用自动关联进行关联模型，因为使用自动关联模型后该任务显示的计划时间与实际时间会反映到"流水视图"中，各流水段的计划时间与实际时间便会自动填充上去，如图 914 所示，而使用手工关联则任务时间不会反映到"流水视图"当中。

图 913　同一图元与两个
任务关联时报错

	名称	编码	任务状态	任务偏差（天）	计划开始时间	计划结束时间	预计开始时间	预计结束时间
1	土建							
2	B2	B2 B00						
3	B2	B2 B00	未开始		2015-07-06	2015-08-19	2015-07-06	2015-08-19
4	2F	2F L002						
5	2F	2F L002	未开始		2015-09-14	2015-10-03	2015-09-14	2015-10-03
6	1F	1F L001						
7	1F	1F L001	未开始		2015-09-09	2015-10-03	2015-09-09	2015-10-03
8	B1	B1 B01						
9	B1	B1 B01	未开始		2015-07-26	2015-08-19	2015-07-26	2015-08-19

图 914　流水视图

214. 在广联达 BIM5D 软件中进行施工模拟时，模型不显示怎么办？

在广联达 BIM5D 软件中进行施工模拟时先需要选定模拟的时间段，但是已选定模拟的时间段后，模型依然不显示，如图 915 所示。

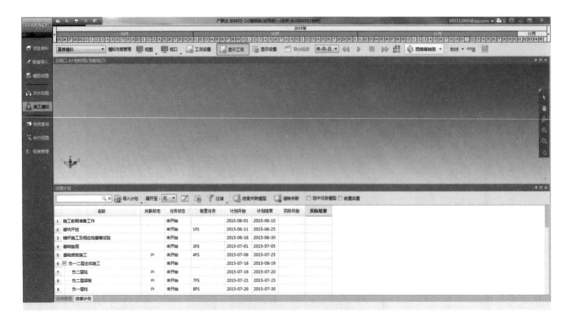

图 915　不显示模型的施工模拟界面

这个时候，在视口处点击右键，弹出选项框，选择视口属性，如图 916 所示。

在视口属性设置对话框中将显示范围中的图元勾选上，如图 917 所示。

图 916　选项框

图 917　设置视口属性

点击确定后模型即在视口中出现，如图 918 所示。

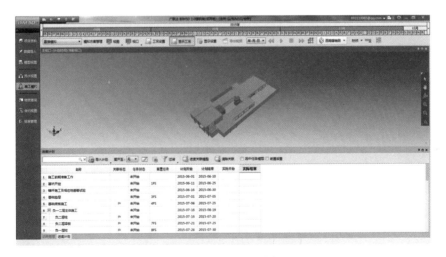

图 918　显示模型的施工模型界面

215. 在广联达 BIM5D 软件中如何生成资金曲线与资源曲线？

在广联达 BIM5D 软件中的造价的信息主要以图表的方式出现，而且会生成资金曲线与资源曲线作为参考。具体操作如下：

资金曲线：

（1）点击"视图">"资金曲线"，即可打开资金曲线对话框，如图 919 所示。

（2）点击"进度总曲线"即可将该项目施工阶段发生的资金累计值曲线显示出来，如图 920 所示，前提是模型已经关联了清单计价文件。

图 919　视图选项 1

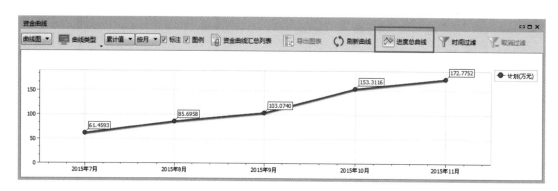

图 920　资金曲线

资源曲线：

（1）点击"视图">"资源曲线"，即可打开资金曲线对话框，如图 921 所示。

这个时候点击"进度总曲线"并不能将该项目施工阶段发生的资源累计值曲线显示出来，如图 922 所示。

图 921　视图选项 2

图 922　缺少内容的资源曲线对话框

（2）需要设置曲线的内容才能够显示出来。点击"曲线设置"进入曲线设置对话框，如图 923 所示。

图 923　曲线设置

（3）选择对应的资源类别，全选并点击"添加到曲线"，输入曲线的名称，如图924所示。

图924　添加曲线

当全部的资源曲线添加完毕后资源曲线对话框就会显示该项目施工阶段发生的资源累计值曲线，如图925所示。

图925　资源曲线

另外在选项设置中有工程量计算方式的设置，在此设置中有按工作日统计与按开始时间统计两项，如图926所示。

图926　工程量计算方式

选择按工作日统计则会按照工作时间长度平均分配资金与资源，而选择按开始时间统计则会将资金与资源集中在任务开始的那一天。

编委简介

何波

广州优比建筑咨询有限公司副总经理，负责 BIM 项目级应用和软件开发。中国建筑工业出版社"BIM 技术应用丛书"《BIM 第二维度——项目不同参与方的 BIM 应用》、《BIM 第一维度——项目不同阶段的 BIM 应用》副主编、《Revit 与 Navisworks 实用疑难 200 问》主编，中建股份《建筑工程设计 BIM 应用指南》、《建筑工程施工 BIM 应用指南》编委，参与《建筑工程施工信息模型应用标准》（征求意见稿）编制工作。1985 年开始进行电脑辅助结构计算，1989 年从事推广普及 CAD 技术，2004 年开始推广 BIM 在工程建设行业的应用，曾经在国企、民企从事过工业与民用建筑设计、软件开发应用、咨询服务等工作。

王轶群

广州优比建筑咨询有限公司技术总监，上海建坤信息技术有限责任公司咨询顾问，中国建筑工业出版社《BIM 总论》副主编，《Revit 与 Navisworks 实用疑难 200 问》副主编，中建股份《建筑工程设计 BIM 应用指南》、《建筑工程施工 BIM 应用指南》编委，参与《中华人民共和国国家建筑工程施工信息模型应用标准》（征求意见稿）编制工作。曾从事室内设计方案创作、设计深化和项目管理等工作多年。2005 年加入 Autodesk，研究 BIM 应用工具，参与相关软件的设计和研发，推广 BIM 技术在建筑工程领域的应用。2008 年作为 Autodesk 在中国的第一位咨询顾问，负责拓展和实施 BIM 咨询服务，直接支持国内外设计、施工、业主企业在项目建设全过程中的 BIM 应用。

杨帆

深圳市建筑设计研究总院 BIM 技术中心副主任，2004 年毕业于北京交通大学土木工程系，2004 ~ 2006 年从事结构设计工作，2007 年至今从事 BIM 技术应用实施与管理工作，曾经为多家设计及施工企业提供过 BIM 技术咨询服务。负责过深圳 T3 航站楼、喀什国际免税广场、中国移动信息大厦等多个大中型项目的 BIM 实施工作。参与了国标中 BIM 交付及编码标准、广东省 BIM 标准，以及深圳市 BIM 标准的编制工作。组织编写了总院内部四套企业 BIM 技术标准文件。